生物学基础实验技术

主编 ◎ 陈慧平　张丽果　杨荟玉

郑州大学出版社

图书在版编目(CIP)数据

生物学基础实验技术 / 陈慧平，张丽果，杨荟玉主编. — 郑州：郑州大学出版社，2020.12(2024.6 重印)

ISBN 978-7-5645-7303-4

Ⅰ. ①生… Ⅱ. ①陈…②张…③杨… Ⅲ. ①生物学 - 实验技术 Ⅳ. ①Q-33

中国版本图书馆 CIP 数据核字(2020)第 180413 号

生物学基础实验技术

SHENGWUXUE JICHU SHIYAN JISHU

策划编辑	李龙传	封面设计	曾耀东
责任编辑	陈文静　吕笑娟	版式设计	苏永生
责任校对	张彦勤	责任监制	李瑞卿

出版发行	郑州大学出版社	地　　址	郑州市大学路 40 号(450052)
出 版 人	孙保营	网　　址	http://www.zzup.cn
经　　销	全国新华书店	发行电话	0371-66966070
印　　刷	廊坊市印艺阁数字科技有限公司		
开　　本	787 mm×1 092 mm　1 / 16		
印　　张	12.5	字　　数	266 千字
版　　次	2020 年 12 月第 1 版	印　　次	2024 年 6 月第 2 次印刷

书　　号	ISBN 978-7-5645-7303-4	定　　价	68.00 元

本书如有印装质量问题，请与本社联系调换。

作者名单

主　　编　陈慧平　张丽果　杨荟玉

副 主 编　周火祥　完迪迪　吕　杰

编　　委　（按姓氏笔画排序）

吉　云　郑州大学华大基因学院

吕　杰　河南省医药科学研究院

李亚妹　郑州大学医学科学研究院

杨荟玉　河南省医药科学研究院

郑州大学第一附属医院

完迪迪　河南省医药科学研究院

张　灿　郑州大学华大基因学院

张丽果　河南省医药科学研究院

陈慧平　河南省医药科学研究院

呼胜楠　黄河科技学院

周火祥　河南省医药科学研究院

胡兰芳　郑州大学华大基因学院

姜璀霞　郑州大学华大基因学院

高　璐　郑州大学华大基因学院

本书的出版是在国家自然科学基金青年基金项目(81903175),河南省科技攻关项目(202102310520、202102310402),河南省医药科学研究院基本科研业务费项目(2020BP0104、2020BP0201、2020BP0110、2020SP0107、YYYJK201802、YYYJK201803)及河南省青年人才托举工程项目(2019HYTP019)的大力支持下完成的,在此特别表示感谢。

前　言

在大多数医学和药学研究过程中，研究者们基本上都要涉及生物学实验技术。对于其实验原理，不论是初学者还是比较专业的研究技术人员都了解得比较透彻。然而在实验过程中还是难免要出现这样那样的问题。为了使广大读者少走弯路、及时了解到日常做实验过程中遇到的常见问题及常犯的错误，我们几个青年教师花费了大量的心血编写了这本《生物学基础实验技术》。本书主要目的是让学生快速地了解实验内容，了解实验中可能出现的问题以及如何规避这些问题，让学生带着问题有目的的去做实验。本书注重理论与实践相结合，以培养实用型人才为目标，结构严谨、层次分明、简明实用，可以满足广大医学院校本科生及研究生的实验操作需要，同时也可作为广大实验人员的参考书。

本书是关于生物学实验技术的一部综合性著作。它全面覆盖了有关微生物基础实验、细胞培养基础实验、细胞生物学功能实验、Western blot 实验、病毒载体构建、肝损伤动物模型构建以及细胞生物学实验常用仪器介绍。基本上每个实验项目都系统地编写了实验原理、实验试剂和仪器、实验操作步骤、实验注意事项、结果分析，注重培养读者的基本技能和实践能力。

本书由河南省医药科学研究院的陈慧平、张丽果、杨荟玉担任主编，周火祥、完迪迪和吕杰担任副主编。其中周火祥、杨荟玉和吕杰共同编写第一章、第六章和第七章；张丽果、陈慧平和完迪迪共同编写第二章、第三章、第四章和第五章。编委呼胜楠、姜璀霞和胡兰芳参与第一章、第六章和第七章的编写；吉云、高璐、张灿和李亚妹参与第二章、第三章、第四章和第五章的编写。本书的主编和副主编都是从事科研一线、有丰富工作经验的、具有高级职称的教师和知识渊博的博士，他们编写的书内容比较新颖丰富。本书章节顺序符合大多数人做实验的基本思维，结构层次清晰，理论与实践紧密结合。而且编者们还把自己在实验过程中遇到的问题与实验心得呈现给读者，让读者及时规避可能遇到的实验问题，避免了不必要的麻烦，加快实验进程。

本书是主编、副主编及全体编委们共同努力的结果，由于水平有限，时间仓促，难免有不足之处，真诚希望广大读者提出宝贵的意见和建议。

编　者

2020 年 10 月 8 日

目　录

第一章 微生物基础实验技术

微生物学基础实验技术和方法是微生物学建立和发展的基础。分子生物学、生物信息学的诞生及其技术的应用，各学科的交叉和渗透，极大地丰富了微生物学基础实验的内容，并将其推向了一个新的发展阶段。微生物学的基础实验技术和方法已广泛地应用到现代生命科学的各个分支领域，不断发挥着其独特的作用，因此"微生物实验"已成为一门十分重要的基础实验课程。本章简要介绍了微生物学实验室常用器皿、设备及无菌操作技术，消毒与灭菌，培养基的配制、接种与培养，微生物染色与形态观察、显微镜技术，微生物生长测定，微生物的分离、纯化与鉴定，微生物菌种保藏技术等。

第一节 常用器皿及无菌技术

微生物学基础实验所用的器皿，大多需要先进行消毒和灭菌后才能用来培养微生物，因此对其质量、洗涤和包装均有一定的要求。

一 常用器皿

(一)试管

微生物学实验室所用玻璃试管，其管壁必须比化学实验室用得厚些，这样在塞棉花塞时，管口才不会破损。试管的形状要求没有翻口，否则微生物容易从棉塞与管口的缝隙间进入试管而造成污染。此外，现在有不用棉塞而用铝制或塑料制试管帽的试管，若用翻口试管也不便于盖试管帽。有的实验要求尽量减少蒸发试管内的水分，则需使用螺口试管，盖以螺口胶木或塑料帽。试管的大小可根据用途的不同，准备下列三种型号。

(1)大试管(约 18 mm×180 mm)可盛倒培养皿用的培养基；亦可作制备琼脂斜面用(需要大量菌体时用)。

(2)中试管[(13～15)mm×(100～150)mm]盛液体培养基或作琼脂斜面用，亦可用于病毒等的稀释和血清学试验。

(3)小试管[(10～12)mm×100 mm]一般用于糖发酵试验或血清学试验，和其他需要节省材料的试验。

(二)培养皿

常用的培养皿，皿底直径 90 mm，高 15 mm。培养皿一般均为玻璃皿盖，但有特殊需要时，可使用陶器皿盖，因其能吸收水分，使培养基表面干燥，例如测定抗生素生物效价时，培养皿不能倒置培养，则用陶器皿盖为好。在培养皿内倒入适量固体培养基制成平板，用于分离、纯化、鉴定菌种、微生物计数以及测定抗生素、噬菌体的效价等。

(三)三角锥形瓶

三角烧瓶有 100、250、500、1 000 mL 等不同的大小，常用来盛无菌水、培养基和摇瓶发酵等。常用的烧杯有 50、100、250、500、1 000 mL 等，用来配制培养基与药品。

(四)载玻片与盖玻片

普通载玻片大小为 75 mm×25 mm，用于微生物涂片、染色，作形态观察等。盖玻片为 18 mm×18 mm。凹玻片是在一块厚玻片的当中有一圆形凹窝，作悬滴观察活细菌以及微室培养用。

二 接种工具和方法

接种环和接种针由三部分组成，即环(针)部分、金属柄部分和绝热柄部分。接种环和接种针通常选用电热(镍)丝，环的直径随使用目的而不同，一般多为 2～4 mm，环和针的长度为 40～50 mm。

接种环(针)使用前后均应进行灭菌处理，将接种环(针)末端直立火焰中，烧红镍丝部分，再使接种环(针)金属柄旋转通过火焰 3 次灭菌，冷却后用以取菌或待试标本。使用接种环(针)完毕后立即将染菌的镍丝部分于还原焰(内焰)中加热，烤干环(针)端附着的细菌或标本，以免环(针)上残余的细菌或标本因突受高热，爆裂四溅，而污染环境和导致传染危险。然后再移于氧化焰(外焰)中烧红灭菌，最后将金属柄部分往复在火焰中通过 3 次。用完后的接种环(针)，应立即搁置于架上，切勿随手弃置，以免灼焦台面或其他物件。

1. 划线接种　这是最常用的接种方法，即在固体培养基表面作来回直线形的移动,就可达到接种的作用。常用的接种工具有接种环、接种针等。在斜面接种和平板划线中就常用此法。

2. 三点接种　在研究霉菌形态时常用此法。此法即把少量的微生物接种在平板表面上,成等边三角形的三点,让它们各自独立形成菌落后,来观察、研究它们的形态。除三点外,也有一点或多点进行接种的。

3. 穿刺接种　在保藏厌氧菌种或研究微生物的动力时常采用此法。做穿刺接种时,用的接种工具是接种针。用的培养基一般是半固体培养基。做法是:用接种针蘸取少量的菌种,沿半固体培养基中心向管底作直线穿刺,如某细菌具有鞭毛而能运动,则在穿刺线周围能够生长。

4. 浇混接种　该法是将待接的微生物先放入培养皿中,然后再倒入冷却至 45 ℃左右的固体培养基,迅速轻轻摇匀,这样菌液就达到稀释的目的。待平板凝固之后,置合适温度下培养,就可长出单个的微生物菌落。

5. 涂布接种　与浇混接种略有不同,就是先倒好平板,让其凝固,然后再将菌液倒入平板上面,迅速用涂布棒在表面作来回左右的涂布,让菌液均匀分布,就可长出单个的微生物的菌落。

6. 液体接种　从固体培养基中将菌洗下,倒入液体培养基中,或者从液体培养物中,用移液管将菌液接至液体培养基中,或从液体培养物中将菌液移至固体培养基中,都可称为液体接种。

7. 注射接种　该法是用注射的方法将待接的微生物转接至活的生物体内,如人或其他动物中,常见的疫苗预防接种就是用注射接种,接入人体,来预防某些疾病。

8. 活体接种　活体接种是专门用于培养病毒或其他病原微生物的一种方法,因为病毒必须接种于活的生物体内才能生长繁殖。所用的活体可以是整个动物,也可以是某个离体活组织,例如猴肾等;也可以是发育的鸡胚。接种的方式是注射,也可以是拌料喂养。

三 无菌设备及无菌操作技术

(一)无菌设备

为避免在接种过程中污染环境以及空气中的细菌污染培养物,接种均应在接种罩或无菌室内进行,此外细菌学实验室所必需的设备还包括无菌工作台、生物安全柜和生物安全实验室。

1. 无菌工作台　又称超净工作台,目前多采用垂直层流的气流形式。通过变速离心风机将负压箱内经过预滤器过滤的空气压入静压箱,再经高效过滤器进行二级过滤,从出风面吹出的洁净气流,以一定和均匀的断面风速通过工作区时,将尘埃颗粒和微生物颗粒带走,从而形成无尘无菌的工作环境。使用时应提前50 min打开紫外线杀菌灯,30 min后关闭并启动送风机。净化区内严禁存放不必要的物件,以保持洁净气流型不受干扰。

2. 无菌室 无菌室又称洁净室,是在实验室内部安装的用于无菌操作的小室。室内应有空气过滤装置、紫外线杀菌灯等。

3. 生物安全柜 目前微生物试验中多采用生物安全柜(biological safety cabinet, BSC),是为操作原代培养物、菌(毒)株以及诊断性标本等具有感染性的实验材料时,用来保护操作者本人、实验室环境以及实验材料,使其避免暴露于上述操作过程中可能产生的感染性气溶胶和溅出物而设计的负压过滤排风柜。

4. 生物安全实验室 简称"BSL实验室",是指通过规范的实验设计、实验设备的配置、个人防护装备的使用等建造的实验室。在结构上由一级防护屏障(安全设备)和二级防护屏障(设施)构成,实验室生物安全防护的安全设备和设施的不同组合,构成了四级生物安全防护水平,一级为最低。

(二)无菌操作技术

培养基经高压灭菌后,用经过灭菌的工具(如接种针和吸管等)在无菌条件下接种含菌材料(如样品、菌苔或菌悬液等)于培养基上,这个过程叫作无菌接种操作。在实验室检验中的各种接种必须是无菌操作。

实验台面不论是什么材料,一律要求光滑、水平。光滑是便于用消毒剂擦洗;水平是倒琼脂培养基时利于培养皿内平板的厚度保持一致。在实验台上方,空气流动应缓慢,杂菌应尽量减少,其周围杂菌也应越少越好。为此,必须清扫室内,关闭实验室的门窗,并用消毒剂进行空气消毒处理,尽可能地减少杂菌的数量。

空气中的杂菌在气流小的情况下会随着灰尘落下,所以接种时,打开培养皿的时间应尽量短。用于接种的器具必须经干热或火焰等灭菌。接种环的火焰灭菌方法:接种环在火焰上充分烧红(一边转动接种柄一边慢慢地来回通过火焰3次),冷却,先接触一下培养基,待接种环冷却到室温后,方可用它来挑取含菌材料或菌体,迅速地接种到新的培养基上。然后,将接种环从柄部至环端逐渐通过火焰灭菌,复原。不要直接烧环,以免残留在接种环上的菌体爆溅而污染空间。平板接种时,通常把平板的面倾斜,把培养皿的盖打开一小部分进行接种。在向培养皿内倒培养基或接种时,试管口或瓶壁外面不要接触底皿边,试管或瓶口应倾斜一下在火焰上通过。

第二节 消毒灭菌技术

严格的消毒灭菌对微生物纯培养、细胞培养等生物工程研究极为重要,直接影响着整个实验能否顺利进行。消毒和灭菌两者的意义是不同的。消毒是相对而言,一般是指杀灭或清除传播媒介的病原微生物或对实验有影响的微生物,达无害化的处理过程。灭菌则是指将传播媒介上所有微生物全部清除或杀灭,达到无菌程度的一种处理过程。实验室常用的消毒灭菌的方法很多,一般有紫外线消毒、干热灭菌、高压蒸汽灭菌、过滤灭菌等物理方法和化学药品消毒等化学方法。

培养材料进行培养、观察或更换培养液时,必须从各方面防止任何污染物进入培养液或容器,所以无菌操作室的灭菌是至关重要的。由于无菌操作室的污染来源主要是空气中的细菌和真菌孢子,因此长期停用后的无菌操作室应进行熏蒸灭菌,熏蒸是用甲醛+高锰酸钾[(2 mL 甲醛+1 g 高锰酸钾)/m^3]进行无菌室的灭菌。经常使用的无菌操作室,在每次使用前都应进行地面卫生清洁,并用紫外线灯照射 30 min,进行空气灭菌。对超净工作台,每次操作前用紫外灯照射 30 min,然后用 70% ~ 75% 酒精擦拭。

采自动物机体的实验材料携带着微生物及杂质,接种前须进行表面消毒灭菌,对内部已受微生物侵染的材料应予以淘汰。从动物机体采集的某些组织块,须用消毒剂进行浸泡处理,进行表面消毒。常用消毒剂有过氧化氢(10% ~ 12%,浸泡 5 ~ 15 min)、过氧乙酸(0.05%,浸泡 30 s ~ 1 min)、乙醇(70% ~ 75%,浸泡 2 min)。

化学消毒剂用于那些不能利用物理方法进行灭菌的物品、空气、工作面、操作者皮肤、某些实验器皿等。常用的化学消毒剂包括甲醛、高锰酸钾、70% ~ 75% 乙醇、过氧乙酸、来苏尔水、0.1% 新洁尔灭、环氧乙烷、碘伏或碘酊等。其中利用 70% ~ 75% 乙醇、0.1% ~ 0.2% 氯化汞、10% 次氯酸钠、饱和漂白粉等进行实验材料的灭菌;利用甲醛+高锰酸钾[(2 mL 甲醛+1 g 高锰酸钾)/m^3]或乙二醇(6 mL/m^3)等加热熏蒸法进行无菌室和培养室的消毒。在使用时应注意安全,特别是用在皮肤或实验材料上的消毒剂,须选用合适的药剂种类、浓度和处理时间,才能达到安全和灭菌的目的。

一 紫外线消毒

利用紫外线灯进行照射灭菌，是实验室常用的一种消毒方法。紫外线消毒灯向外辐射波长为253.7 nm的紫外线，是一种低能量的电磁辐射，可以杀灭多种微生物。紫外线的作用机制是通过对微生物的核酸及蛋白质等的破坏作用而使其灭活。适合于实验室空气、地面、操作台面等消毒灭菌。灭菌时间为 30 min。用紫外线杀菌时应注意，不能边照射边进行实验操作，因为紫外线不仅对人体皮肤有伤害，而且对培养物及一些试剂等也会产生不良影响。

(一)对物品表面的消毒

1. 照射方式　最好使用便携式紫外线消毒器近距离移动照射，也可采取紫外线灯悬吊式照射。对小件物品可放紫外线消毒箱内照射。

2. 照射剂量和时间　不同种类的微生物对紫外线的敏感性不同，用紫外线消毒时必须使用照射剂量达到杀灭目标微生物所需的照射剂量。杀灭一般细菌繁殖体时，应使照射剂量达到 10 000 μW · s/cm^2；杀灭细菌芽孢时应达到 100 000 μW · s/cm^2；病毒对紫外线的抵抗力介于细菌繁殖体和芽孢之间；真菌孢子的抵抗力比细菌芽孢更强，有时需要照射剂量达 600 000 μW · s/cm^2；在消毒的目标微生物不详时，照射剂量不应低于 100 000 μW · s/cm^2。

辐照剂量是所用紫外线灯在照射物品表面处的辐照强度和照射时间的乘积。因此，根据紫外线光源的辐照强度，可以计算出需要照射的时间。

(二)室内空气的消毒

1. 间接照射法　首选高强度紫外线空气消毒器，不仅消毒效果可靠，而且可在室内有人活动时使用，一般开机消毒 30 min 即可达到消毒合格。

2. 直接照射法　在室内无人条件下，可采取紫外线灯悬吊式或移动式直接照射。采用室内悬吊式紫外线消毒时，室内安装紫外线消毒灯(30 W 紫外线灯，在 1.0 m 处的强度>70 μW/cm^2)的数量为保证强度不少于 1.5 W/m^3，照射时间不少于 30 min。

(三)注意事项

(1)在使用过程中，应保持紫外线灯表面的清洁，一般每 2 周用酒精棉球擦拭 1 次，发现灯管表面有灰尘、油污时，应随时擦拭。

(2)用紫外线灯消毒室内空气时。房间内应保持清洁干燥，减少尘埃和水雾，温度低于 20 ℃或高于 40 ℃，相对湿度大于 60% 时应适当延长照射时间。

(3)用紫外线消毒物品表面时，应使照射表面受到紫外线的直接照射，且应达到足够的照射剂量。

(4)不得使紫外线光源照射到人，以免引起皮肤和眼睛灼伤。

二 干热灭菌

干热灭菌,包括干热空气灭菌和火焰灼烧灭菌等,是以干热方法杀死细菌达到灭菌的目的的灭菌方法。

热空气烘箱

(一)干热空气灭菌

干热空气灭菌是指使用热空气烘箱进行灭菌的方法,适用于耐高温的玻璃和金属制品以及不允许湿热气体穿透的油脂和耐高温的粉末化学药品的灭菌。在干热状态下,由于热穿透力较差,微生物的耐热性较强,必须长时间受高温的作用才能达到灭菌的目的。因此,干热空气灭菌法采用的温度一般比湿热灭菌法高。为了保证灭菌效果,一般规定:135 ~ 140 ℃灭菌 3 ~ 5 h;160 ~ 170 ℃灭菌 2 ~ 4 h。干热空气灭菌操作步骤如下:

1. 装料　打开烘箱门,放入需灭菌的物品,关好烘箱门(注意:勿使纸包物品紧靠烘箱壁,以免引起火灾)。

2. 灭菌　打开排气孔,接通电源,加热升温至 160 ℃,关闭排气孔,维持 2 h(注意:灭菌温度绝对不可以超过 180 ℃)。

3. 降温　灭菌后,立即关闭电源,将温度旋钮转至 0 ℃。待温度降至 20 ℃以下时,打开烘箱门,取出灭菌物品。

(二)火焰灼烧灭菌

火焰灼烧灭菌是指用酒精灯火焰直接烧灼的灭菌方法。该方法灭菌迅速、可靠、简便,适合于耐火焰材料(如金属、玻璃及瓷器等)物品与用具的灭菌,主要是指微生物接种工具的灭菌,不适合药品的灭菌。

接种工具灭菌

(三)注意事项

(1)不要将塑料制品等不耐高温的器皿放入烘箱。

(2)灭菌物品不要摆放太挤,以免妨碍热空气流通,不要接触消毒箱内壁的铁板,以防包装纸烤焦起火。

(3)灭菌时人不能离开,灭菌结束后及时关掉消毒箱电源。

(4)待温度降到 70 ℃以下再打开消毒箱,否则冷热空气交替,玻璃器皿容易炸裂或发生烫伤事故。

(5)使用酒精灯火焰烧灼时,注意酒精灯的正确使用方法,以免烫伤。

三 高压蒸汽灭菌

高压蒸汽灭菌锅

高压蒸汽灭菌是实验室最常用的灭菌方法，适用于培养基、生理盐水、各种缓冲液及玻璃器皿的灭菌。常用高压蒸汽灭菌锅进行灭菌，灭菌锅有立式、卧式和手提式3种。高压蒸汽灭菌的原理是通过提高灭菌锅内的蒸汽温度以达到灭菌目的，即使灭菌锅夹层的水加热、沸腾，不断产生蒸汽，以排除冷空气，直至空气排净后(排气10～15 min)关闭放气阀，使蒸汽锅密闭，这时随蒸汽压不断上升，锅内的温度也随之上升，当蒸汽压(饱和蒸汽压)升到1.05 kg/cm^{2}时，锅内温度即达121.3 ℃，在该温度下保持20～30 min，可将所有微生物及芽孢杀死。灭菌所需时间和温度取决于被灭菌培养基中营养物的耐热性、容器体积大小和装物量等因素。若灭菌砂土、石蜡油或含菌量大的物品则应适当延长灭菌时间。

(一)基本步骤

1. 加水　向灭菌锅夹层加蒸馏水至适当水位刻度。

2. 装料　放入需灭菌的物品。注意:装量适当，使瓶口或试管口向中心摆放，不要紧贴锅内壁，以防冷凝水沾湿棉塞。

3. 加盖　盖好灭菌锅，对称拧好螺栓。

4. 灭菌　通电加热，待灭菌锅排出大股水蒸汽时计时，15 min后关闭排气阀。继续加热至所需条件，如压力达1.05 kg/cm^2 即121.3 ℃，维持20～30 min。

5. 降压　灭菌后立即关闭电源，待压力降至“0”时，打开排气阀，放空剩余蒸汽。再打开锅盖，取出灭菌物品。

6. 后处理　灭菌完毕，放空夹层内的水，保持锅内干净。

(二)注意事项

(1)消毒器使用时应消毒室内，有专人操作，不得在公共场所使用。

(2)插座必须装有连接地线，应确保电源插头插入牢固。切勿损坏电线或使用非指定的电源线。电源线连接上的弹簧片为保护接地，应保持接触良好。

(3)安全阀和压力表使用期限满1年应送法定计量检测部门鉴定。

(4)消毒器物品之间留有间隙，顺序地堆放在消毒器内的筛板上，这样有利于蒸汽的穿透力，可提高灭菌效果。

(5)加热时注意把电源线插头插紧，使插头接地铜片与护罩紧密接触，保证使用安全。加热开始时将排气阀摘子放在垂直开放位置，消毒器内冷空气会随着加热由阀孔溢出。当阀孔有急的蒸汽冲出时，将摘子恢复原位。消毒器压力达到所需范围时，适当调整或通断热源，使之维持恒压，并开始计算消毒时间，按不同的物品和包装保持所需消毒的时间。

(6)敷料、器械和器皿等消毒后需要干燥时,可在消毒终了时将消毒器内的蒸汽由排气阀排出,当压力表指针回复到零位后稍待 1 ~ 2 min,将盖打开,并继续加热几分钟,这样能使物品达到干燥目的。

(7)溶液培养基等若在消毒终了时立即放汽,会因压力突然下降引起瓶子爆破或消毒器内装溶液溢出等严重事故。所以在消毒终了时不应立即放汽,而应停止加热使其自然冷却 20 ~ 30 min,使内压力冷却而下降至零位(压力表指针回到零位)后数分钟,将排气阀打开,然后略微打开盖子(开一条缝),人离开消毒室,待其自然冷却到一定程度再取出。

四　过滤灭菌

过滤灭菌是将液体或气体通过有微孔的滤膜过滤,使大于滤膜孔径的细菌等微生物颗粒阻留,从而达到除菌的方法。过滤除菌法大多用于遇热易发生分解、变性而失效的试剂、酶液、血清、培养液等。目前,常用微孔滤膜金属滤器或塑料滤器正压过滤除菌,或用玻璃细菌滤器、滤球负压过滤除菌。滤膜孔径应在 0.22 ~ 0.45 μm 或用更小的细菌滤膜,溶液通过滤膜后,细菌和孢子等因大于滤膜孔径而被阻,并利用滤膜的吸附作用,阻止小于滤膜孔径的细菌透过。

过滤灭菌

(一)基本步骤

(1)配制需要过滤灭菌的液体,少量溶液可以使用一次性 0.22 μm 的过滤器,超过 500 mL,可以采用已灭菌的抽滤瓶,预先垫好 0.22 μm 的滤膜。

(2)除了需过滤灭菌的液体外,其他用到的工具需要事先包装好,进行高压蒸汽灭菌。

(3)在超净工作台中,用注射器吸取一定量的溶液,去掉针头,拧上过滤器。

(4)用力挤下注射器,使过滤的溶液流入无菌的试剂瓶中。

(二)注意事项

(1)过滤灭菌操作应在无菌条件下进行。

(2)过滤器具一定要先进行高压蒸汽灭菌处理。

(3)按照液体成分,选择合适的过滤器(水相或有机相)。

五　化学消毒灭菌

化学消毒灭菌法系指用化学药品来杀灭微生物的方法。同一种化学药品在低浓度时呈现抑菌作用,而在高浓度时则能起杀菌作用。其杀菌机理可能是:能使微生物蛋白质变性死亡，或与酶系统结合影响代谢，或改变膜壁通透性使微生物死亡等。常用的方法有消毒剂消毒法和化学气体灭菌法等。

（一）消毒剂消毒法

消毒是指杀死病原微生物的方法。但化学消毒剂大多仅能杀死微生物的繁殖体而不能杀死芽孢，能控制一定范围的无菌状态。可将消毒剂配成适宜浓度，采用喷淋、涂擦或浸泡等方法对物料、环境、器具等进行消毒。常用的化学消毒剂有75%乙醇、84消毒液、0.1%～0.2%苯扎溴铵溶液、3%～5%的酚或煤酚皂溶液等，常用于物体表面灭菌。洁净室的墙面、天花板、门窗、机器设备、仪器、操作台、车、桌、椅等表面以及人体双手（手套）在环境验证及日常生产时，应定期清洁并用消毒剂喷洒，无菌室用的消毒剂必须在层流工作台中，用0.22 μm的滤膜过滤后方能使用。

（二）化学气体灭菌法

化学气体灭菌法系指利用化学药品的气体或产生的蒸汽进行杀灭微生物的方法。

1. 环氧乙烷灭菌法　环氧乙烷灭菌法是利用环氧乙烷气体进行杀菌的方法。它是一种传统的灭菌方法，可应用于工衣灭菌、不耐加热灭菌的药品、医用器具、设施、设备等的灭菌。环氧乙烷灭菌系统，主要有下列4项互相制约的重要因素影响灭菌效果：温度、湿度、气体浓度、灭菌时间。

2. 甲醛等蒸汽熏蒸法　采用甲醛、丙二醇或过氧醋酸等化学品，通过加热产生蒸汽进行空气环境灭菌。基本步骤如下。

（1）计算房间体积，按10 g/m^3 的比例称出甲醛。

（2）将甲醛倒入甲醛发生器或加热盘或烧杯中，并放好加湿用水，必要时还需加入高锰酸钾（2～3 g/m^3），然后加热（甲醛发生器用蒸汽加热，加热盘或烧杯用热水盛入其中加热）使其蒸发成气体。

（3）灭菌流程：空调器停止运转→启动甲醛气体发生器或在加热盘中加热甲醛→让甲醛气体扩散约30 min→启动空调器让甲醛气体循环约30 min→停止空调器，房间熏蒸消毒，时间不少于8 h→ 房间排气，用新鲜空气置换约2 h→ 恢复正常运行。

（4）当相对湿度在65%以上，温度在24～40 ℃时，甲醛气体的消毒效果最好。

3. 臭氧消毒法　臭氧（O_3）的消毒原理，是臭氧在常温、常压下分子结构不稳定，很快自行分解成氧（O_2）和单个氧原子（O），后者具有很强的活性，对细菌有极强的氧化作用，臭氧氧化分解了细菌内部氧化葡萄糖所必需的酶，从而破坏其细胞膜，将其杀死。多余的氧原子则会自行重新结合成为普遍氧分子（O_2），不存在任何有害残留物，故称为无污染消毒剂。它不但对各种细菌和病毒（包括肝炎病毒、大肠杆菌、铜绿假单胞菌及杂菌等）有极强的杀灭能力，而且对霉菌也很有效。

（三）注意事项

（1）要注意其浓度不要过高，以防止化学腐蚀作用。

（2）因为环氧乙烷是易燃易爆物质，明火可以引起燃烧，同时气体分解还可能引起爆炸，所以用环氧乙烷灭菌时应十分注意安全问题。

(3)化学试剂应置于密闭的空间内，提高消毒灭菌的效率。

(4)开始灭菌后，人员迅速离开，以防止对人体产生危害。

第三节　培养基及培养技术

培养基是细菌生长繁殖或积累代谢产物所需要的各种营养物质的人工制品。培养基中一般含有微生物所必需的碳源、氮源、无机盐、生长素以及水分等。另外，培养基还应具有适宜的 pH 值、一定的缓冲能力、一定的氧化还原电位及合适的渗透压。适宜的培养基能使细菌在体外迅速生长繁殖，便于对细菌进行分离和鉴别。可分为基础培养基、营养培养基、选择培养基、鉴别培养基、厌氧菌用培养基和特殊培养基。

细菌培养是用人工方法使细菌生长繁殖的技术，是微生物实验中最基本的技术之一。细菌在自然界中分布极广，数量大，种类多，它可以造福人类，也可以成为致病的原因。大多数能分离出的细菌都可用人工方法培养，即将其接种于培养基上，使其生长繁殖。培养出来的细菌用于研究、鉴定和应用。培养时应根据细菌种类和目的等选择培养方法、培养基种类，制定培养条件(温度、pH 值、时间，对氧的需求与否等)。一般操作步骤为先将标本接种于固体培养基上，做分离培养，再进一步对所得单个菌落进行形态、生化及血清学反应鉴定。培养基常用牛肉汤、蛋白胨、氯化钠、葡萄糖、血液等和某些细菌所需的特殊物质配制成液体、半固体、固体等。一般细菌可在有氧条件下，37 ℃中放置 18 ~ 24 h 生长。厌氧菌则需在无氧环境中放置 2 ~ 3 d 后生长。个别细菌如结核分支杆菌要培养 1 个月之久。

一　培养基的种类

培养基按物理状态分为固体、半固体和液体培养基；按组成成分分为天然、合成和半合成培养基；按其作用分为基础、加富、选择、鉴别、厌氧和活体培养基等。

1. 基础培养基　含有微生物所需要的基本营养成分，如肉汤培养基。

2. 加富培养基　在基础培养基中再加入葡萄糖、血液、血清或酵母浸膏等物质，可供营养要求较高的微生物生长，如血平板、血清肉汤等。

3. 选择培养基　是根据某一种或某一类微生物的特殊营养要求或对一些物理、化学条件的抗性而设计的培养基。利用这种培养基可以把所需要的微生物从混杂的其他微生物中分离出来。

4. 鉴别培养基　在培养基中加入某种试剂或化学药品，使培养后发生某种化学变化，从而鉴别不同类型的微生物。如伊红-亚甲蓝(EMB)培养基、糖发酵管、醋酸铅培养基等。

5. 厌氧培养基　专性厌氧菌不能在有氧的条件下生长，所以必须将培养基与环境中的空气隔绝，或降低培养基中的氧化还原电位，如在液体培养基的表面加盖凡士林或醋，或在液体培养基中加入碎肉快制成庖肉培养基等。此外，也可以利用物理或化学的方法除去培养环境中的氧，以保证厌氧环境。

6. 活体培养基　有一些微生物可以在活的动植物体或离体的活组织细胞内生长繁殖，因此，某些活的动植物体或离体的活组织细胞对这些微生物来说，是很好的培养基。

7. 特殊培养基　为某些需要在特殊条件下才能生长的细菌培养之用。如高渗盐增菌培养基、高渗糖增菌培养基、改良 Kagan 培养基等。

二 培养基的主要成分

1. 营养物质　充足的营养是细菌进行新陈代谢的物质基础，包括水分、碳源、氮源和维生素、无机盐类，除此之外，营养要求较高的细菌还需添加另外的物质和某些生长因子。

2. 水分　制备培养基常用蒸馏水(因蒸馏水中不含杂质)，也可用自来水、井水等，但须先经煮沸，使部分盐类沉淀，再经过滤方可使用。

3. 氢离子浓度(pH 值)、温度及气体　pH 值随菌种的不同有较大的差异，但一般均要求 pH 值 7.2～7.4，温度一般要求在 35～37 ℃，有的细菌可在室温下(22 ℃)生长。与细菌生长有关的气体有氧和二氧化碳。

4. 凝固物质　配制固体培养基的凝固物质有琼脂、明胶、卵白蛋白及血清等。琼脂是从石花菜海藻中提取的胶体物质，是应用最广的凝固剂。其化学成分主要是多糖，加琼脂制成的培养基在 98～100 ℃下熔化，于 45 ℃以下凝固。但多次反复熔化，其凝固性降低。琼脂本身对细菌无营养价值，自然界中仅有极少数的细菌能分解它。根据琼脂含量的多少，可配制成不同性状的培养基。另外，由于各种牌号琼脂的凝固能力不同，以及当时气温的不同，配制时用量应酌情增减，夏季可适当多加。

5. 抑制剂　在制备某些培养基时需加入一定的抑制剂，来抑制非检出菌的生长或使其少生长，以利于检出菌的生长。抑制剂种类很多，常用的有胆盐、煌绿、玫瑰红酸、亚硫酸钠、某些染料及抗生素等。这些物质具有选择性抗菌作用。

6. 指示剂　为便于了解和观察细菌是否利用和分解糖类等物质，常在某些培养基中加入一定种类的指示剂,如酸碱指示剂、氧化还原指示剂等。

三 培养基的制备过程

制备一般培养基的主要过程基本相似,包括称量药品→溶解→调节 pH 值→熔化琼脂→过滤分装→包扎标记→灭菌→摆斜面或倒平板。

1. 称量药品 根据培养基配方依次准确称取各种药品,放入适当大小的烧杯中,琼脂不要加入。蛋白胨极易吸潮,故称量时要迅速。

2. 溶解 用量筒取一定量(约占总量的1/2)蒸馏水倒入盛有药品的烧杯中,在放有石棉网的电炉上小火加热,并用玻璃棒搅拌,以防液体溢出。待各种药品完全溶解后,停止加热,补足水分。如果配方中有淀粉,则先将淀粉用少量冷水调成糊状,并在火上加热搅拌,然后加水及其他原料,待完全溶化后,补足水分。

3. 调节 pH 值 根据培养基对 pH 值的要求,用 50 g/L NaOH 或 5%(体积分数)HCl 溶液调至所需的 pH 值。测定 pH 值可用 pH 试纸或酸度计等。

4. 熔化琼脂 固体或半固体培养基需加入一定量的琼脂,将盛有培养基的器皿置于电炉上一边搅拌一边加热,直至琼脂完全熔化后才能停止搅拌,并补足水分(水需预热)。注意控制火力不要使培养基溢出或烧焦。

5. 过滤分装 先将过滤分装装置安装好。如果是液体培养基,玻璃漏斗中放一层滤纸;如果是固体或半固体培养基,则须在漏斗中放多层纱布,或两层纱布夹一层薄薄的脱脂棉趁热进行过滤。过滤后立即进行分装。分装时注意不要使培养基沾染在瓶口或管口,以免浸湿棉塞,引起污染。液体分装高度以试管高度的 1/4 左右为宜。固体分装量为管高的1/5,半固体分装量一般以试管高度的 1/3 为宜,分装三角瓶,以不超过三角瓶容积的一半为宜。

6. 包扎标记 培养基分装后加好棉塞或试管帽,再包上一层防潮纸,用棉绳系好。在包装纸上标明培养基名称、制备组别和实验者姓名、日期等。

7. 灭菌 上述培养基应按培养基配方中规定的条件及时进行灭菌。普通培养基为 121 ℃,20 min;含糖培养为 115 ℃,30 min,以保证灭菌效果和不损伤培养基的有效成分。如需要作斜面固体培养基,则灭菌后立即摆放成斜面。斜面长度一般以不超过试管长度的 1/2 为宜;半固体培养基灭菌后,垂直冷凝成半固体深层琼脂。

四 微生物接种

根据待检标本的性质,培养目的及所用培养基的种类,采用不同的接种方法。常用的有平板划线分离培养法、斜面接种法、液体接种法和穿刺接种法。

1. 平板划线分离培养法　分离培养法就是通过划线使标本或培养物中混杂的多种细菌在培养基表面逐一分散生长，各自形成菌落，以便根据菌落形态及特征，挑选单个菌落，经过移种而获得纯种细菌（纯培养）。分离细菌最常用的为平板划线分离法，其基本步骤如下。

（1）将接种环火焰灭菌，待冷却后取标本或混合菌液。

（2）用左手持起平板，使平皿盖向上放于台面上或打开平皿盖。

（3）左手斜持（45°角）平板，右手持已取材的接种环，在酒精灯上方 5～6 cm 处作连续划线法分离细菌。划线时，接种环与平板呈 30°～40°角，轻轻接触平板，以腕力平行滑动接种环。应避免将琼脂划破。先在平板上 1/5 处轻轻涂布，然后即可左右来回以作连续划线接种，线与线间留有适当距离，做到线密而不重复，将整个平板表面布满划线。如果菌量较大可采用分区划线法。可将平皿分为若干个区（一般为 5 个区）。先在平板上 1 区轻轻涂布，再在 2，3……区划线。每划完一个区域，均将接种环灭菌一次，冷后再划下一个区域。每一区域的划线均接触上一区域的接种线 1～2 次，使菌量逐渐减少，以获得单个菌落。

（4）划线完毕，盖好皿盖，做好标记将平皿倒置，置 37 ℃下培养 18～24 h 后观察结果。

2. 斜面接种法　主要用于划线分离培养所获得的单个菌落的移种，以得到纯种细菌和保存菌种，以及观察细菌的某些培养特性。

（1）取菌种管置左手示指、中指、无名指之间，拇指压住管底部上侧面。

（2）火焰灭菌接种环。

（3）以右手小指与手掌拔取棉塞（如同时持有 2 管，可用小指与无名指拔取另一管的棉塞），将管口迅速通过火焰 1～2 次。

（4）将已灭菌的接种环伸入菌种管中，从斜面上取少许菌，迅速伸入待接种的培养基管中，在斜面底部向上划一条直线，然后从底部起向上作曲折连续划线，直至斜面上方顶端。置 37 ℃孵箱中培养18～24 h 即可观察结果。

3. 液体接种法　肉汤、胨水、发酵管等均系液体培养基。用于增菌、观察细菌生长现象和检测细菌的生化反应等。

（1）持好菌种管及培养基管。

（2）灭菌接种环，由菌种管取菌，伸入培养基管中，在接近液面的管壁上方轻轻研磨，并蘸取少许培养基液体调和，使接种物充分混合于培养基的液体中。

（3）液体培养一般以 18～24 h 观察生长特征为好。

4. 穿刺接种法　试管内半固体培养基采用此法接种，多用于保存菌种、观察动力及做厌氧培养等。亦可用于观察细菌的某些生化反应。

（1）持好菌种管和培养基管。

（2）以灭菌接种针从菌种管取菌。

（3）接种针直刺入培养基的中心（半固体或一般琼脂高层）直达管底部（深入培养

基3/4处)或沿管壁刺入(醋酸铅高层),接种后接种针应沿原路退出。

(4)经培养后即可观察结果。沿穿刺线生长,线外的培养基清亮者表示细菌无动力;穿刺线模糊不清,或沿穿刺线向外扩散生长,或整个培养基混浊者表示细菌有动力。

五 微生物培养

根据培养目的和细菌的种类选用最适宜的培养方法。常用的有一般培养法、二氧化碳培养法和厌氧培养法。

1. 一般培养法 一般培养法系指需氧菌或兼性厌氧菌等在需氧条件下的培养方法,故又称需氧培养法。将已接种好的细菌置37 ℃孵箱中培养18~24 h。但标本中菌量很少或难于生长的细菌(如结核分枝杆菌)需培养3~7 d甚至1个月才能生长。

2. 二氧化碳培养法 某些细菌的培养,需要在5%~10%二氧化碳环境中培养才能生长良好。可采用二氧化碳孵箱,它能自动调节二氧化碳的浓度和温度,使用极为方便。传统的方法则采用烛缸法,将培养基放入缸内,点燃蜡烛放在缸中,加盖密闭(涂以凡士林)。因燃烧而产生的CO_2占5%~10%,基本可满足细菌培养的要求。

3. 厌氧培养法 厌氧菌标本的采集及运送有特殊的要求及注意事项,应避免正常菌群的污染,尽量少接触空气并立刻送检。厌氧菌的培养法可大致分为:①物理学方法。遮断空气法(层积法)、真空法、空气置换法、厌氧罐培养、厌氧袋法、厌氧手套箱等。②化学方法。焦性没食子酸法、硫乙醇酸钠法、黄磷燃烧法。③生物学方法。需氧菌共生法、燕麦发芽法。④混合法。真空或气体置换与焦性没食子酸法相结合,可根据实际情况选用。

六 微生物培养的注意事项

细菌培养必须随时在防止污染和病原菌的扩散的前提下进行操作,即无菌操作。细菌检验室的注意事项如下。

1. 细菌的培养应在无菌室内进行。有条件的实验室可在超净工作台内进行。

2. 用接种环分离和移种细菌时,用前用后均须灭菌处理。一般采用火焰灭菌法。

3. 从培养瓶或试管培养物中取标本或移种时,在打开瓶口、管口或关闭前,均要在火焰上通过2~3次。切不可将含菌材料污染台面和其他物体。

4. 如不慎将试管等打破造成菌液污染时,不要惊慌,应立即报告负责人,然后用3%来苏或5%石炭酸处理污染台面或地面,至少浸泡30 min。

5. 工作完毕后,用紫外线灯照射30 min,或用3%来苏擦拭台面,并清洗双手。

第四节 染色及形态观察

为了提高观察效果,被观察的对象也要进行处理。一开始,微生物学家在用光学显微镜观察细菌的时候,由于悬浮在液体中的细胞既微小又透明,观察起来非常困难。后来发现细胞可以用染料染色,而且不同的细胞结构对不同染料有特异的反应,甚至不同种类微生物对同种染料的着色情况也不同。最著名的例子是丹麦病理学家革兰(Christian Gram)在1884年发明的一项重要的观察细菌的方法。这个方法是把细菌涂在载玻片上在酒精灯上烘干,用结晶紫染色,再用碘液处理,然后用酒精浸洗,看细胞是否能保留染料。结果发现有些细菌能保持紫色,另一些却褪色。这种现在仍然在广泛使用的革兰氏染色反应对于细菌的鉴定具有很高的价值,而且后来发现根据这个染色反应区分的革兰氏阳性菌(能够保留染料,故细菌呈紫色)和革兰氏阴性菌(不能保留染料而被番红花红染成红色)在许多生理特性上有区别,例如革兰氏阳性菌对青霉素和磺胺类药物特别敏感。这是因为两类细菌的细胞壁有很大的差异。

用染料染色细菌的方法很多,不同的微生物可以用不同的染料,不同的细胞器官也可以采用不同的染料,例如可以用一种称之为嗜酸染色的方法识别引起麻风的分枝杆菌,用印度墨汁染色细菌的荚膜,用孔雀绿染色芽孢,等等。除了用各种染料染色样品以便清楚地观察微生物外,后来又发明了用各种可以发出荧光的物质来染色微生物样品。例如现在可以用一种荧光染料来区分革兰氏阳性和阴性菌。

一 染色剂

由于细菌体积小、菌体透明,活体细胞内含有大量水分,且对光线的吸收和反射与周围背景没有显著的明暗差,因而很难在普通光学显微镜下观察它们的形态和结构。只有经过染色,借助颜色的反衬作用才可看清菌体形态以及菌体表面结构。染色技术是观察微生物形态结构的重要手段。

能够使微生物着色的化合物被称为染色剂,染色剂一般都是成盐化合物。用于生物染色的染料主要有碱性染料、酸性染料和中性染料三大类。碱性染料的离子带正电荷,能和带负电荷的物质结合。因细菌蛋白质等电点较低,当它生长于中性、碱性或弱酸性的溶液中时常带负电荷,所以通常采用碱性染料(如亚甲蓝、结晶紫、碱性复红或孔雀绿等)使其着色。酸性染料的离子带负电荷,能与带正电荷的物质结合。当细菌分解糖类产酸使培养基 pH 值下降时,细菌所带正电荷增加,因此易被伊红、酸性复红或刚果红等酸性染料着色。中性染料是前两者的结合物又称复合染料,如伊红亚甲蓝、伊红天青等。

目前普遍采用的微生物染色剂多为苯的衍生物,其化学结构中除含有苯环外,还连接有发色团和助色团。发色团可使化合物显色,而助色团则能增加色度,并因具有电离特性,可与菌体细胞相结合,从而使其着色。含有酸性助色团(如羟基,—OH)的染色剂称为酸性染色剂,其电离后分子带负电,可与钠、钾、钙、氨等离子结合,多用于细胞质的染色,如酸性品红、刚果红等。含有碱性助色团(如氨基,—NH_2)的染色剂称为碱性染色剂,其电离后分子带正电,主要用于细胞核和异染粒等酸性细胞结构的染色。由于细菌细胞质中布满核物质和异染粒等结构,因此细菌染色一般采用碱性染色剂,通常包括氯化物、硫酸盐、醋酸盐或草酸盐等。

二　细菌简单染色

细菌的简单染色,即只利用一种染色剂使菌体着色。此法操作简单,适用于细菌形态的观察。通常细菌的简单染色采用碱性染色剂,如结晶紫或碱性品红等,碱性染料不是碱而是一种盐,电离时染料离子通常带正电荷。而在中性、碱性或弱酸性的溶液中,细菌细胞通常带有负电荷,这样带正电荷的染料离子就容易与带负电荷的菌体细胞相结合并使其着色。染色后便于观察细菌的形态、大小和排列方式等特征。

(一)材料

1. 菌种　大肠杆菌,金黄色葡萄球菌。

2. 染料　草酸铵结晶紫染液。

3. 其他　载玻片,无菌水,洗瓶,擦镜纸,吸水纸,二甲苯或无水乙醚与无水乙醇(3∶1)混合液,香柏油及接种用具。

(二)实验步骤

1. 涂片　在洁净的载玻片中央滴 1 小滴无菌水,用无菌接种环(火焰灭菌)挑取少量大肠杆菌或金黄色葡萄球菌分别与无菌水充分混合,涂成极薄的菌膜(注意:菌量不宜过多,否则菌体堆积成块不易看清个体形态)。

2. 固定　手执玻片一端,将有菌膜的一面朝上,通过微火 3 ~ 4 次,使水分蒸干。(注意:可用手背接触涂片反面,以不烫手为宜。否则过分烘烤会导致菌体变形!)

3. 染色　将玻片置于玻片架上,待其冷却后,在涂片部位滴加适量(盖满菌膜)的草酸铵结晶紫染液,染色 1 min。

4. 水洗　倾去染液,用普通蒸馏水自玻片一端轻轻冲洗,至流下的水中无染液的颜色为止。

5. 干燥　用吸水纸吸去多余水分(注意:勿擦去菌体)。

6. 镜检　在低倍镜下找到视野后,转换油镜观察,绘制大肠杆菌和金黄色葡萄球菌形态图。

7. 清理　实验完毕后,清洁油镜头,整理显微镜使其复原并在记录本上登记。将染色片放入含有5%苯酚的废片缸中。

三 细菌革兰氏染色

革兰氏染色法是1884年由丹麦病理学家革兰所创立的。革兰氏染色法可将所有的细菌区分为革兰氏阳性菌(G^+)和革兰氏阴性菌(G^-)两大类,是细菌学上最常用的鉴别染色法。该染色法之所以能将细菌分为G^+菌和G^-菌,是由这两类菌的细胞壁结构和成分的不同所决定的。G^-菌的细胞壁中含有较多易被乙醇溶解的类脂质,而且肽聚糖层较薄、交联度低,故用乙醇或丙酮脱色时溶解了类脂质,增加了细胞壁的通透性,使初染的结晶紫和碘的复合物易于渗出,结果细菌就被脱色,再经蕃红复染后就成红色。G^+菌细胞壁中肽聚糖层厚且交联度高,类脂质含量少,经脱色剂处理后反而使肽聚糖层的孔径缩小,通透性降低,因此细菌仍保留初染时的颜色。

(一)材料

细菌革兰氏染色步骤

(1)培养12~16 h的金黄色葡萄球菌,培养24 h的大肠杆菌。

(2)结晶紫、卢戈碘液、95%乙醇、蕃红、液体石蜡、擦镜液。

(3)载玻片、接种杯、酒精灯、擦镜纸、显微镜等。

(二)实验步骤

分别取枯草杆菌、大肠杆菌进行革兰氏染色。

1. 制片

(1)涂菌:取干净载玻片1块,在载玻片上加1滴生理盐水,按无菌操作法取菌涂片,注意取菌不要太多。

(2)干燥:让涂片自然晾干或者在酒精灯火焰上方文火烘干。

(3)固定:手执玻片一端,让菌膜朝上,通过火焰2~3次固定(以不烫手为宜)。

2. 染色

(1)初染:滴加结晶紫(以刚好将菌膜覆盖为宜)染色1~2 min,水洗。

(2)媒染:用碘液冲去残水,并用碘液覆盖约1 min,水洗。

(3)脱色:用滤纸吸去玻片上的残水,将玻片倾斜,在白色背景下,用滴管流加95%的乙醇脱色,直至流出的乙醇无紫色时,立即水洗。

(4)复染:用番红液复染约2 min,水洗。

3. 镜检 干燥后，用油镜观察。菌体被染成蓝紫色的是革兰氏阳性菌，被染成红色的为革兰氏阴性菌。

革兰氏阳性和阴性菌镜检

四 细菌鞭毛染色

细菌的鞭毛极细，直径一般为 10 ~20 nm，只有用电子显微镜才能观察到。但是，如采用特殊的染色法，则在普通光学显微镜下也能看到它。鞭毛染色方法很多，但其基本原理相同，即在染色前先用媒染剂处理，让它沉积在鞭毛上，使鞭毛直径加粗，然后再进行染色。常用的媒染剂由单宁酸和氯化高铁或钾明矾等配制而成。现推荐以下 2 种染色法。

（一）材料

（1）培养 12 ~16 h 的水稻黄单胞菌，黏质赛氏杆菌或假单胞菌斜面菌种。

（2）银染色液、Leifson 染色液、香柏油、二甲苯。

（3）载玻片、擦镜纸、吸水纸、记号笔、玻片搁架、镊子、接种环，显微镜。

（二）实验步骤

1. 镀银法染色

（1）清洗玻片：选择光滑无裂痕的玻片，最好选用新的。为了避免玻片相互重叠，应将玻片插在专用金属架上，然后将玻片置洗衣粉过滤液中（洗衣粉煮沸后用滤纸过滤，以除去粗颗粒），煮沸 20 min。取出稍冷后用自来水冲洗、晾干，再放入浓洗液中浸泡 5 ~6 d，使用前取出玻片，用自来水冲去残酸，再用蒸馏水洗。将水沥干后，放入 95% 乙醇中脱水。

（2）菌液的制备：菌龄较老的细菌容易失落鞭毛，所以在染色前应将待染细菌在新配制的牛肉膏蛋白胨培养基斜面上（培养基表面湿润，斜面基部含有冷凝水）连续移接 3 ~5 代，以增强细菌的运动力。最后一代菌种放恒温箱中培养 12 ~16 h。

用于鞭毛染色的菌体也可用半固体培养基培养。方法是将 0.3 ~0.4% 的琼脂肉膏培养基熔化后倒入无菌平皿中，待凝固后在平板中央点接活化了 3 ~4 代的细菌，恒温培养 12 ~16 h 后，取扩散菌落的边缘制作涂片。

（3）用接种环挑取斜面与冷凝水交接处的菌液数环，移至盛有 1 ~2 mL 无菌水的试管中，使菌液呈轻度混浊。

（4）将该试管放在 37 ℃恒温箱中静置 10 min（放置时间不宜太长，否则鞭毛会脱落），让幼龄菌的鞭毛松展开。

（5）然后吸取少量菌液滴在洁净玻片的一端，立即将玻片倾斜，使菌液缓慢地流向另一端，用吸水纸吸去多余的菌液。涂片放空气中自然干燥。

（6）染色：滴加 A 液，染 4 ~6 min，用蒸馏水充分洗净 A 液，用 B 液冲去残水，再加

B 液于玻片上，在酒精灯火焰上加热至冒气，维持 0.5 ~ 1 min（加热时应随时补充蒸发掉的染料，不可使玻片出现干涸区）。用蒸馏水洗，自然干燥。

（7）镜检：先低倍，再高倍，最后用油镜检查。

（8）结果：菌体呈深褐色，鞭毛呈浅褐色。

2. 改良 Leifson 染色法

（1）清洗玻片，配制染料，染料配好后要过滤 15 ~ 20 次后染色效果才好。

（2）菌液的制备及涂片同镀银法染色。

（3）用记号笔在洁净的玻片上划分 3 ~ 4 个相等的区域。放 1 滴菌液于第 1 个小区的一端，将玻片倾斜，让菌液流向另一端，并用滤纸吸去多余的菌液，在空气中自然干燥。

（4）染色，加染色液于第 1 区，使染料覆盖涂片。隔数分钟后再将染料加入第 2 区，依此类推（相隔时间可自行决定），其目的是确定最合适的染色时间，而且节约材料。

（5）水洗，在没有倾去染料的情况下，就用蒸馏水轻轻地冲去染料，否则会增加背景的沉淀。

（6）自然干燥后镜检。先低倍观察，再高倍观察，最后再用油镜观察，观察时要多找一些视野，不要企图在 1 ~ 2 个视野中就能看到细菌的鞭毛。

（三）注意事项

（1）镀银法染色比较容易掌握，但染色液必须每次现配现用，不能存放，比较麻烦。

（2）Leifson 染色法受菌种、菌龄和室温等因素的影响，且染色液须经 15 ~ 20 次过滤，要掌握好染色条件必须经过一些摸索。

（3）细菌鞭毛极细，很易脱落，在整个操作过程中，必须仔细小心，以防鞭毛脱落。

（4）染色用玻片干净无油污是鞭毛染色成功的先决条件。

五 细菌芽孢染色

某些细菌在其发育的一定阶段可以形成一个内生孢子，即为芽孢。芽孢形成后并不脱离原细菌菌体，它的形状、大小和在菌体的位置都是一定的。老熟的芽孢可自菌体中脱落出来。芽孢结构上的特点是壁厚和细胞质浓厚，所以不易着色，通常多采用着色力强的染色剂和用加热等手段促使芽孢着色，并利用复染的方法对比原细菌菌体和芽孢，才易于在显微镜下看到它们。但是，若用简单染色法使菌体着色而芽孢无色也可以衬托出芽孢的形状、大小和位置。

细菌的芽孢含水量少，脂肪含量高，芽孢壁较厚，对染料的透性差，不易着色，但是一旦着色又难以脱色。通常，芽孢染色采用弱碱性染料孔雀绿在加热的条件下进行。

染色完毕,用蒸馏水冲洗。因孔雀绿是弱碱性染料,与菌体结合力较差,因此易被水冲洗掉,而进入芽孢的孔雀绿却难于溶出。水洗后,再用一种呈红色的碱性染料复染,使菌体和芽孢呈现不同颜色。

(一)材料

(1)菌种:枯草芽孢杆菌、巨大芽孢杆菌。

(2)染液:孔雀绿染液、藏花红染液。

(3)器皿:显微镜、酒精灯、镊子、洗净的载玻片 4 片、香柏油、二甲苯、擦镜纸、吸水纸、玻璃红、洗瓶装蒸馏水、接种环。

(二)实验步骤

(1)取培养 24 h 左右的枯草芽孢杆菌、巨大芽孢杆菌分别涂片、干燥、固定。

(2)在涂片部分用吸水纸条盖住,然后向纸条滴加孔雀绿染液至饱和。

(3)将涂片逐渐加热至微冒蒸汽并不时添加染液以防止吸水纸条干燥。染色 2 ~ 8 min。

(4)除去吸水纸条,用蒸馏水轻轻冲洗掉多余染液。

(5)用藏花红染液复染 30 ~60 s。

(6)水洗,风干或烘干后镜检。

六 显微技术

显微技术是利用光学系统或电子光学系统设备,观察肉眼所不能分辨的微小物体形态结构及其特性的技术。前者以可见光(紫外线显微镜以紫外光)为光源,后者则以电子束为光源。光学显微镜主要有普通光学显微镜、荧光显微镜、暗视野显微镜、相差显微镜、倒置显微镜、微分干涉相差显微镜和激光扫描共聚焦显微镜。光学显微镜所观察到的图像结果可以被肉眼所接收和识别,可直接用笔依像勾勒,即可记录,也可用显微摄影或录像进行记录。电子显微镜分辨率高,用于不雅察极邃密的结构,但必须在图像和样品之间加以校正和分析才能获得理想的图像。电子显微镜主要有透射电子显微镜和扫描电子显微镜。由于细菌个体微小,肉眼不能看到,必须借助显微镜的放大才能看到。一般形态和结构可用光学显微镜观察,其内部的超微结构则需用电子显微镜才能看清楚。常用显微镜有如下几种。

(一)普通光学显微镜

采用自然光或灯光为光源,其波长约为 0.4 μm。显微镜的分辨率为波长的二分之一,即 0.2 μm,而肉眼可见的最小形象为 0.2 mm。故用油(浸)镜放大 1 000 倍,能将 0.2 μm 的微粒放大成肉眼可见的 0.2 mm。普通光学显微镜可用于细菌、放线菌和真菌等的观察。

1.观察前的准备

(1)置显微镜于平稳的实验台上,镜座距实验台边沿3~4 cm。镜检者姿势要端正,一般用左眼观察,右眼便于绘图或记录,两眼必须同时睁开,以减少疲劳,亦可练习左右眼均能观察。

(2)调节光源,对光时应避免直射光源,因直射光源影响物像的清晰,损坏光源装置和镜头,并刺激眼睛。如阴暗天气,可用日光灯或显微镜灯照明。

调节光源时,先将光圈完全开放,升高聚光镜至与载物台同样高,否则使用油镜时光线较暗。然后转下低倍镜观察光源强弱,调节反光镜,光线较强的天然光源宜用平面镜;光线较弱的天然光源或人工光源宜用凹面镜。在对光时,要使全视野内为均匀的明亮度。检查染色标本时,光线应强;检查未染色标本时,光线不宜太强。可通过扩大或缩小光圈、升降聚光器、旋转反光镜调节光线。

2.低倍镜观察

(1)使用显微镜时,必须端坐,座位高低要调节适宜。

(2)先将低倍镜转到工作位置,上升聚光镜,打开光圈。然后转动反光镜对光。光源不能采用直射日光,因直射日光的强度太大刺激眼睛,故多采用间接日光的自然光源,也可采用人工光源。用自然光源时用反光镜的平面镜,而用人工光源时则用凹面镜。

(3)在使用时,应根据实际需要,选择合适的亮度。未染色标本检查,应适当缩小光圈、下降聚光镜,使亮度减弱,有利于用高倍镜观察细菌的运动。染色标本检查时,应将光圈打开,聚光镜上升至与载物台相平,使光亮度很强,用油镜观察细菌形态时,可清晰易见。

(4)将标本片放在载物台上,用压片夹或标本移动器固定,将欲检部位移至低倍镜下,缓慢转动粗调节器,待看到物像模糊影迹时,再转换高倍镜,转动细调节器使物像清晰为止。

(5)观察标本时应两眼同时睁开,以减少眼睛疲劳。用左眼窥镜,右眼负责绘图。

(6)显微镜放大率计算法:当显微镜的镜筒长度为160 mm时,显微镜的放大率为物镜倍数与目镜倍数之乘积。

3.高倍镜观察　将高倍镜转至正下方,在转换物镜时,须用眼睛在侧面观察,避免镜头与玻片相撞。然后由目镜观察,并仔细调节光圈,使光线的明亮度适宜,同时用粗调节器慢慢升起镜筒至物像出现后,再用细调节器调节至物像清晰为止,找到最适宜观察的部位后,将此部位移至视野中心,准备用油镜观察。

4.油镜观察

(1)用粗调节器将镜筒提起约2 cm,将油镜转至正下方。

(2)在玻片标本的镜检部位滴上1滴香柏油。

(3)从侧面注视,用粗调节器将镜筒小心地降下,使油镜浸在香柏油中,其镜头几乎与标本相接,应特别注意不能压在标本上,更不可用力过猛,否则不仅会压碎玻片,也会损坏镜头。

(4)从目镜内观察,进一步调节光线,使光线明亮,再用粗调节器将镜筒徐徐上升,直至视野出现物像为止,然后用细调节器校正焦距。如油镜已离开油面而仍未见物像,必须再从侧面观察,将油镜降下,重复操作至物像看清为止。

(5)用同样的方法观察枯草芽孢杆菌染色标本。

(6)观察完毕,上旋镜筒。先用擦镜纸拭去镜头上的油,然后用擦镜纸蘸少许二甲苯(香柏油溶于二甲苯)擦去镜头上残留油迹,最后再用干净擦镜纸擦去残留的二甲苯。切忌用手或其他纸擦镜头,以免损坏镜头。用绸布擦净显微镜的金属部件。

(7)将各部分还原,反光镜垂直于镜座,将接物镜转成八字形,再向下旋。同时把聚光镜降下,以免接物镜与聚光镜发生碰撞危险。

使用油镜时滴香柏油的原理:油镜放大倍数高而透镜镜孔很小。自标本片透过的光线,因玻片和空气介质密度不同而折光率不同。因此,有些光线经载玻片和空气折射后而不能进入接物镜,或射入光线较少,物像不清晰。在油镜和标本片之间滴加和玻璃折射率($n=1.52$)相仿的香柏油($n=1.515$),则使进入油镜的光线增多,视野光亮增强,物像清晰。

(二)荧光显微镜

荧光显微镜与普通光学显微镜基本相同,主要区别在于光源、滤光片和聚光器。目前大多数使用的是落射光装置,常用高压汞灯作为光源,可发出紫外光或蓝紫光。滤光片有激发滤光片和吸收滤光片两种。用蓝光的荧光显微镜除可用一般明视野聚光器外,也可用暗视野聚光器,以加强荧光与背景的对比。本法适用于用荧光色素染色或与荧光抗体结合的细菌的检测或鉴定。

(三)暗视野显微镜

常用于观察不染色微生物形态和运动。在普通显微镜安装暗视野聚光器后,光线不能从中间直接透入,视野呈暗色,当标本接受从聚光器边缘斜射光后可发生散射,因此可在暗视野背景下观察到光亮的微生物如细菌或螺旋体等。暗视野显微镜主要用于检查未染色标本的形态和运动能力。

1. 操作方法

(1)使用研究用暗视野显微镜,或将普通光学显微镜上的聚光器取下,换上暗场聚光器。

(2)不论是使用干燥物镜还是油浸物镜,镜检时都应在聚光器的上透镜上加一大滴香柏油。

(3)将制作好的细菌悬滴标本片置于载物台上,上升聚光器至顶部使油与载玻片接触。

(4)放大光源。

(5)进行聚光器光轴调节及调焦。用10×物镜找到被检物像,关小聚光器虹彩光圈至可在视野中看到视场光阑的轮廓，再上下缓慢调整聚光器，这样会使视场光阑的像变得清晰，如视场光阑不在场中央，利用聚光器外侧的两个调节钮进行调整，当亮光点调到场中央后，再将其开大，即可进行观察。

2. 注意事项

(1)暗视野观察所用物镜的数值孔径宜在1.00~1.25，太高反而效果不佳，最好是使用带视场光阑的物镜，转动物镜中部的调节环，可随意改变数值孔径的大小。

(2)要求使用的载玻片和盖玻片必须无划痕且无灰尘，物镜前透镜也必须清洁无尘。载玻片与盖玻片的厚度应符合标准。载玻片太厚，聚光器的焦点将落在载玻片内，达不到被检物体的平面上；使用油镜头时，由于物镜的工作距离很短，甚至无法调焦，从而看不到或看不清被检物体。

(3)镜检时室内要暗，如果没有这样的条件，应尽可能使用遮光装置，以阻止目镜周围的光线射入。

(4)在进行油镜镜检时，由于油内的杂质和气泡的漫反射，会妨碍视场的镜检效果，所以要求尽可能地除掉油内的杂质和气泡。

(四)相差显微镜

相差显微镜利用相差板的光栅作用，改变直射光的光位相和振幅，将光相的差异转换为光强度差。在相差显微镜下，当光线透过不染色标本时，由于标本不同部位的密度不一致而引起光相的差异，可观察到微生物形态、内部结构和运动方式等。其主要操作步骤如下。

(1)将显微镜的聚光器和接物镜换成相差聚光器和相差物镜，在光路上加绿色滤光片。

(2)聚光器转盘刻度置“0”，调节光源使视野亮度均匀。

(3)将酿酒酵母水浸片或枯草芽孢杆菌水浸片置于载物台上，用低倍物镜(10×)在明视野配光并聚焦样品。

(4)将聚光器转盘刻度置“10”(与所用10×物镜相匹配)。注意由明视野转为环状光阑时，因进光量减少，要把聚光器的光圈开足，以增加视野亮度。

(5)取下目镜，换上合轴望远镜。用左手指固定望远镜外筒，一边观察，一边用右手转动其内筒，使其升降。对焦使聚光器中的亮环和物镜中的暗环清晰；当双环分离时，说明不合轴，可用聚光器的中心调节螺旋移动亮环，直至双环完全重合。

(6)按上法依次对其他放大倍数的物镜和相应的环状光阑进行合轴调节。

(7)取下望远镜甲换回目镜、选用适当放大倍数的物镜进行观察。

(五)电子显微镜

利用电子束对样品放大成像的显微镜，称为电子显微镜(简称电镜)。电镜的放大倍率可达百万，可分辨样品的最小细节为零点几纳米，而光学显微镜的放大倍率不过几千倍，其分辨率在理论上不能小于0.2 μm，这是因为受光波波长的局限，即可见光的波长不能小于 400 nm。为此,它促使人们去寻找更短波长的照明物质。电子显微镜观察样品的方法很多,基本上可以分为透射型和扫描型两类。前者是电子流通过观察样品而形成图像;后者则是用来观察微生物的表面细节,分辨率在 7 nm 左右。待观察的样品必须进行相当复杂的处理,而且有些处理方法是和用光学显微镜观察时很不相同的,因为在进行电子显微镜观察时受到一些特殊限制。第一,由于样品处于高真空环境中,样品必须尽可能保持原状,所以微生物样品要进行固定和脱水处理;第二,要使电子束全部透过样品,所以样品必须尽可能薄;第三,为了便于观察,图像的反差要大,光学显微镜是靠光的吸收差异来达到反差,而电子显微镜则靠电子散射程度,决定电子散射程度的是元素的质量和厚度,为此常用重金属处理,例如金、铂等。

1. 透射电子显微镜　透射电子显微镜(transmission electron microscope, TEM),简称透射电镜,是把经加速和聚集的电子束投射到非常薄的样品上,电子与样品中的原子碰撞而改变方向,从而产生立体角散射。散射角的大小与样品的密度、厚度相关,因此可以形成明暗不同的影像,影像将在放大、聚焦后在成像器件(如荧光屏、胶片以及感光耦合组件)上显示出来。通过透射电子显微镜观察样品时,样本需进行处理,一般流程如下。

(1)制作支持膜:支持膜的厚度一般在 15 nm 左右,太薄会影响它的机械支持力,太厚又会影响成像的分辨力。支持膜可用塑料膜(如火棉胶膜、聚乙烯甲醛膜等),也可以用碳膜或者金属膜(如铍膜等)。

(2)制片:有许多种制片方法,如直接贴印法、滴液法、负染色法和超薄切片法等。此处主要介绍常用的负染色法,此法常用来观察病毒粒子、高分子和细菌等。所谓负染色法是将样品用电子密度高,本身不显示结构且与样品几乎不反应的物质(如磷钨酸钠或磷钨酸钾)来包围样品,即不是被样品成分所吸附而是沉积到样品四周。如果样品具有表面结构,这种物质还能穿透表面上凹陷的部分,这样,在有染液的重金属元素沉积的地方,散射电子的能力强,因而样品四周表现为暗区;在有样品的地方散射电子的能力弱,因而表现为亮区。这样便能把样品的外形与表面结构清楚地衬托出来。具体操作如下:①将适量无菌水加入生长良好的大肠杆菌斜面内,用吸管轻轻拨动菌体制成菌悬液。用无菌滤纸过滤,并调整滤液中的细胞浓度为每毫升 10^8 ~ 10^9 个。②取等量的上述菌悬液与等量的 2% 磷钨酸钠水溶液(pH 值 6.5 ~ 8.0)混合,制成混合菌悬液。③用无菌毛细吸管吸取混合菌悬液滴在铜网膜上。④经 3 ~ 5 min 后,用滤纸吸去余水,待样品干燥后,先置低倍光学显微镜下检查,挑选膜完整、菌体分布均匀的铜网置电子显微镜下观察。

为了保持形状,常用戊二醛、甲醛、锇酸蒸汽等试剂小心固定后再进行染色。其方法是将无菌水制备好的菌悬液过滤,然后向滤液中加几滴固定液(如 0.15% 的戊二醛磷酸缓冲液,pH 值 7.2),经这样预先稍加固定后,离心,收集菌体,制成菌悬液,再加几滴新鲜的戊二醛,在室温或 4 ℃冰箱内固定一夜,次日离心,收集菌体,再用无菌水制成菌悬液，并调整细胞浓度为每毫升 $10^8 \sim 10^9$ 个，然后按上述方法染色。

2. 扫描电子显微镜　扫描电镜(scanning electron microscope，SEM)具有分辨率高和景深长等特点，因此图像层次丰富，立体感强，能够显示细胞和组织的三维结构形貌，因此广泛应用于生物样品表面及其断面微细结构的观察。制备扫描电子显微镜的样品也先要经过固定、脱水等处理，以免在真空条件下变形失真，为了获得较多的二次电子，表面要喷涂重金属和碳原子。扫描电镜样品的制备过程如下。

(1)取材：根据需要，切取适当大小的样品。专门的 SEM 备有灵活可动、范围较大的样品台，样品可大些。装在透射电镜上的扫描附件，活动范围较小，样品直径应为 3 ~ 4 mm。

(2)漂洗：用缓冲液把组织表面洗净，否则会影响正常形态，但以快速和轻巧为宜，尽量保护器官或组织的表面结构，使其不致因不慎的操作造成人为损伤。

(3)固定：用 2.5% ~5% 戊二醛固定 30 min 或更长时间。博伊德(Boyde)建议用戊二醛固定几天到几个月，这样会增加组织的韧性，减少脱水造成的萎缩。

(4)漂洗：用缓冲液洗 3 次，洗去未结合的戊二醛。

(5)重固定：1% 锇酸固定 1 ~2 h。

(6)漂洗：用缓冲液洗去未结合的锇酸。

(7)脱水：用 30%、50%、70%、80%、90%、95%、100% 的丙酮或乙醇溶液各脱水 10 min，大于 1 mm 的样品可脱水 10 ~20 min。

(8)干燥：一般情况下，可把脱水后的样品放在空气中自然干燥或 45 ℃热风吹干。

第五节　微生物生长测定技术

微生物细胞在合适的外界条件下，不断地吸收营养物质，并按自己的生长和繁殖方式进行新陈代谢。微生物的生长不同于其他生物的生长，微生物的个体生长研究在科研上有一定困难，通常情况下也没有实际意义。微生物是以量取胜的，因此，微生物的生长通常指群体的扩增。微生物的生长繁殖能力是其在内外各种环境因素相互作用下的综合反映。因此其生长繁殖情况就可作为研究各种生理生化和遗传等问题的重要指标，同时，微生物在生产实践上的各种应用或是对致病、霉腐微生物的防治都和它们的生长抑制紧密相关。所以有必要介绍一下微生物生长情况的检测方法。既然生长意味着原生质含量的增加，所以测定的方法也都直接或间接的以此为根据，而测定繁殖则都要建立在计数这一基础上。微生物生长的衡量，可以从其重量、体积、密度、浓度，做指标来进行衡量。

一 细菌的生长现象

不同种类的细菌在培养基上生长，往往表现为不同的生长现象，可以通过生长现象的观察，进行细菌的初步鉴定。

1. 固体培养基　多用于观察细菌的菌落、菌苔、细菌的分离培养或纯培养。可将菌落分为3种类型。

(1)光滑型菌落：又称S型菌落。此种菌落特点为表面光滑、湿润、边缘整齐，至于其他特点如凸起或扁平、色素、透明度、溶血等可因菌种而异。

(2)粗糙型菌落：又称R型菌落。此种菌落表面粗糙、干燥、边缘不整齐。

(3)黏液型菌落：又称M型菌落。此型菌落表面光滑、湿润、呈黏液状，以接种环触之可拉出丝状物，"成丝试验"阳性可作为鉴别，如肺炎克雷伯菌。

2. 半固体培养基　多用于观察细菌的动力(金黄色葡萄球菌、变形杆菌)。

在半固体培养基中，无鞭毛细菌沿接种线生长，接种线清晰，培养基澄清；有鞭毛细菌弥散生长，接种线模糊不清，周围培养基变混浊；借此可以判断细菌有无动力。

3. 液体培养基　多用于测定细菌的生化反应(肉汤、葡萄糖蛋白胨水、各种单糖发酵管等液体培养基)、工业微生物发酵、观察细菌的不同生长现象。如肉汤在未接种细菌前是澄清的，接种细菌后可有以下3种生长现象。

(1)混浊生长：液体变混浊(大肠杆菌)。

(2)沉淀生长：上层培养液澄清，管底有絮状或颗粒状沉淀物(链球菌)。

(3)形成菌膜：培养液澄清，表面形成一层菌膜(枯草杆菌)。

二 菌落形成单位

在做各种样品(药品、医疗器械、化妆品、保健食品)的微生物检验中，经常会看到质量标准中涉及CFU/g或CFU/mL。菌落形成单位(colony-forming unit，CFU)，是指形成菌落的菌落个数，菌落总数往往采用的是平板计数法，经过培养后我们数出平板上所生长出的菌落个数，从而计算出每毫升或每克待检样品中可以培养出多少个菌落，于是以CFU/mL或CFU/g为单位进行计量。测定微生物生长的方法很多，各种方法均有其优缺点，也不是在任何情况下都适用。在微生物学工作中一般常用的是平皿菌落计数法、计数器法和比浊法。至于哪种方法比较适合，需根据具体条件而定。

三 细菌计数方法

（一）血细胞直接计数法

血细胞直接计数法即用血细胞计数器进行计数。取一定体积的样品细胞悬液置于血细胞计数器的计数室内，用显微镜观察计数。由于计数室的容积是一定的（0.1 mm^3），因而根据计数器刻度内的细菌数，可计算样品中的含菌数。本法简便易行，可立即得出结果。

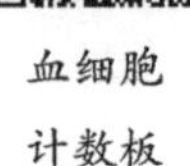

血细胞计数板

本法不仅适于细菌计数，也适用于酵母菌及霉菌孢子计数。

（二）平板菌落计数法

平板菌落计数法是将待测微生物样品适当稀释之后，其中的微生物充分分散成单个细胞，取一定量的稀释样液接种到平板上，经过培养，由每个单细胞生长繁殖而形成肉眼可见的菌落，即一个单菌落应代表原样品中的一个单细胞。统计菌落数，根据其稀释倍数和取样接种量即可换算出样品中的含菌数。此法灵敏度高，是一种检测污染活菌数的方法，也是目前国际上许多国家所采用的方法。但是，由于待测样品往往不易完全分散成单个细胞，所以，长成的一个单菌落也可来自样品中的 2～3 或更多个细胞。因此平板菌落计数的结果往往偏低。为了清楚地阐述平板菌落计数的结果，现在已倾向使用菌落形成单位，而不以绝对菌落数来表示样品的活菌含量。平板菌落计数法操作步骤如下。

平板菌落计数

1. 编号　取无菌平皿 9 套，分别用记号笔标明 10^{-4}、10^{-5}、10^{-6}（稀释度）各 3 套。另取 6 支盛有4.5 mL无菌水的试管，依次标示 10^{-1}、10^{-2}、10^{-3}、10^{-4}、10^{-5}、10^{-6}。

2. 稀释　用 1 mL 无菌吸管吸取 1 mL 已充分混匀的大肠杆菌菌悬液（待测样品），精确地放 0.5 mL至标示 10^{-1} 的试管中，此即为 10 倍稀释。将多余的菌液放回原菌液中。将标示 10^{-1} 的试管置试管振荡器上振荡，使菌液充分混匀。另取一支 1 mL 吸管插入 10^{-1} 试管中来回吹吸菌悬液 3 次，进一步将菌体分散、混匀。吹吸菌液时不要太猛太快，吸时吸管伸入管底，吹时离开液面，以免将吸管中的过滤棉花浸湿或使试管内液体外溢。用此吸管吸取 10^{-1} 试管中的菌液 1 mL，精确地放 0.5 mL 至 10^{-2} 试管中，此即为 100 倍稀释。其余依次类推。

3. 取样　用 3 支 1 mL 无菌吸管分别吸取 10^{-4}、10^{-5} 和 10^{-6} 试管中的稀释菌悬液各 1 mL，对号放入编好号的无菌平皿中，每个平皿放 0.2 mL。不要用 1 mL 吸管每次只用吸管尖部吸 0.2 mL 稀释菌液放入平皿白，这样容易加大同一稀释度几个重复平板间的操作误差。

4. 倒平板　尽快向上述盛有不同稀释度菌液的平皿中倒入融化后冷却至 45 ℃左右的牛肉膏蛋白胨培养基 15～20 mL/平皿，置水平位置迅速旋动平皿，使培养基与菌液混合均匀,而又不使培养基荡出平皿或溅到平皿盖上。待培养基凝固后,将平板倒置于37 ℃恒温培养箱中培养。

5. 计数　培养24~48 h后,取出培养平板,算出同一稀释度三个平板上的菌落平均数,并按下列公式进行计算,每毫升中菌落形成单位(CFU)= 同一稀释度3次重复的平均菌落数×稀释倍数×5。

使用该法时应注意:①一般选取菌落数在30~300之间的平板进行计数,过多或过少均不准确;②为了防止菌落蔓延,影响计数,可在培养基中加入0.001%2,3,5-氯化三苯基四氮唑(TTC);③本法限用于形成菌落的微生物。广泛应用于水、牛奶、食物、药品等各种材料的细菌检验,是最常用的活菌计数法。

(三)比浊计数法

比浊法是根据菌悬液的透光量间接地测定细菌的数量,是测定悬液中细胞数的快速方法,一般选用450~650 nm波段。细菌悬浮液的浓度在一定范围内与透光度成反比,与光密度成正比,所以,可用光电比色计测定菌液,用光密度(OD值)表示样品菌液浓度。此法简便快捷,但只能检测含有大量细菌的悬浮液,得出相对的细菌数目,对颜色太深的样品,不能用此法测定。

OD值与菌数的换算需要制定标准曲线。制定标准曲线的方法举例如下。

1. 编号　取无菌试管7支,分别用记号笔将试管编号为1、2、3、4、5、6、7。

2. 调整菌液浓度　用血细胞计数板计数培养24 h的菌悬液,并用无菌生理盐水分别稀释调整为每毫升1×10^6、2×10^6、4×10^6、6×10^6、8×10^6、10×10^6、12×10^6含菌数的细胞悬液。再分别装入已编好号的1至7号无菌试管中。

3. 测OD值　将1至7号不同浓度的菌悬液摇均匀后于600 nm波长、1 cm比色皿中测定OD值。比色测定时,用无菌生理盐水作空白对照,每管菌悬液在测定OD值时均必须先摇匀后再倒入比色皿中测定。

4. 绘图　以光密度(OD)值为纵坐标,以每毫升细胞数为横坐标,绘制标准曲线。测完OD值后从标准曲线上读数,换算成相应的菌数作为生长曲线的纵坐标。

四 制作生长曲线

生长曲线就是将一定量的单细胞微生物接种在适合的新鲜液体培养基中,在适宜温度条件下进行培养,然后以菌数的对数为纵坐标,以生长时间为横坐标,而得到的曲线。生长曲线一般分为延迟期、对数期、稳定期和衰亡期四个时期。这四个时期的长短因菌种的遗传性、接种量和培养条件的不同而有所改变。因此通过测定微生物的生长曲线,可了解各菌的生长规律,对于科研和生产都具有重要的指导意义。不同的微生物具有不同的生长曲线,同一微生物在不同条件下培养也会得到不同的生长曲线。

生长曲线的测定包括血球计数法、平板菌落计数法、称重法及比浊法等多种。实验最常用的是比浊法测定。因为细菌悬液的浓度与浑浊度成正比，所以可利用光电比色计测定菌悬液的光密度来推知菌液的浓度，并将所测得的光密度值(OD 值)与其对应的培养时间作图，即可绘出该菌在一定条件下的生长曲线。其具体步骤如下。

1. 菌液培养　在菌株的斜面培养物上挑取一环菌苔，接种于肉汤培养基中，37 ℃静止培养 12 h 左右，此菌液即为种子培养液。

2. 分装培养液及校正零点　用无菌移液管吸取 25 mL 培养基加至有侧臂试管的三角烧瓶中。将未接种的培养液倾入其侧臂试管中，并在光电比色计上调节零点。即使光电比色计上的 OD 值在零点上。

3. 接种及零时测定　用移液吸管吸取 2 mL 种子培养液接种于瓶中，并充分摇匀。将刚接种的培养液倾入侧臂试管中，测定光电比色计 OD 值。此时的读数为接种后菌种生长曲线中的零时读数值。

4. 培养及生长量测定　将零时测定后的三角烧瓶立即放入恒温水浴摇床上振荡培养，培养温度为 37 ℃，摇床的频率为 200 次/min 左右(温度和频率可随时调节)。在培养中，应每隔 30 min 从摇床上取下三角烧瓶，将菌液倾入侧臂试管中，并在光电比色计上读取 OD 值。记录每次所测得的数据。在每次测定时，均要用空白对照管的培养液来校正光电比色计的零点。

细菌生长曲线分期及代谢特点

5. 绘制生长曲线　以测定的时间为横坐标，菌数的对数(OD 值)为纵坐标，在半对数坐标纸上描点绘图，所得的曲线即为被测菌在实验条件下的生长曲线。

第六节　分离及鉴定技术

微生物分离纯化(isolation and purification of microorganisms)是研究微生物的基本方法。将特定的微生物个体从群体中或从混杂的微生物群体中分离出来的技术叫作分离；在特定环境中只让一种来自同一祖先的微生物群体生存的技术叫作纯化。为了获得某种微生物的纯培养，一般是根据该微生物对营养、酸碱度、氧等条件要求不同，而供给它适宜的培养条件，或加入某种抑制剂造成只利于此菌生长，而抑制其他菌生长的环境，从而淘汰其他一些不需要的微生物，再用稀释涂布平板法或稀释混合平板法或平板划线分离法等分离、纯化该微生物，直至得到纯菌株。

一 微生物分离与纯化

分离技术主要是稀释和选择培养。稀释是在液体中或在固体表面上高度稀释微生物群体，使单位体积或单位面积仅存留一个单细胞，并使此单细胞增殖为一个新的群体。最常用的为平板划线法。如果所要分离的微生物在混杂的微生物群体中数量极少或者增殖过慢而难以稀释分离时，需要结合使用选择培养法，即选用仅适合于所要分离的微生物生长繁殖的特殊培养条件来培养混杂菌体，改变群体中各类微生物的比例，以达到分离的目的。为保证分离到的微生物是纯培养，分离时必须用。

（一）稀释涂布平板法

稀释涂布平板法

（1）将肉膏蛋白胨培养基、高氏1号琼脂培养基、马丁氏琼脂培养基熔化，待冷却至55～60 ℃时，向高氏1号琼脂培养基中加入10%酚数滴，向马丁氏培养基中加入链霉素溶液，使每毫升培养基中含链霉素30 μg。

（2）分别倒平板，每种培养基倒3皿，其方法是右手持盛培养基的试管或三角烧瓶，置火焰旁边，左手拿平皿并松动试管塞或瓶塞，用手掌边缘和小指、无名指夹住拔出，如果试管内或三角烧瓶内的培养基一次可用完，则管塞或瓶塞不必夹在手指中。

（3）试管口在火焰上灭菌，然后左手将培养皿盖在火焰附近打开一条缝，迅速倒入培养基约15 mL，加盖后轻轻摇动培养皿，使培养基均匀分布，平置于桌面上，待凝后即成平板。也可将平皿放在火焰附近的桌面上，用左手的示指和中指夹住管塞并打开培养皿，再注入培养基，摇匀后制成平板。最好是将平板放室温2～3 d，或37 ℃培养24 h，检查无菌落及皿盖无冷凝水后再使用。

（4）制备稀释液，称取分离样本10 g，放入盛90 mL无菌水并带有玻璃珠的三角烧瓶中，振摇约20 min，使样本与水充分混合，将菌分散。用1支1 mL无菌吸管从中吸取1 mL土壤悬液注入盛有9 mL无菌水的试管中，吹吸3次，使充分混匀。然后再用1支1 mL无菌吸管从此试管中吸取1 mL注入另一盛有9 mL无菌水的试管中，以此类推制成10^{-1}、10^{-2}、10^{-3}、10^{-4}、10^{-5}、10^{-6}各种稀释度的溶液。

（5）涂布。将上述每种培养基的3个平板底面分别用记号笔写上10^{-4}、10^{-5}和10^{-6} 3种稀释度，然后用3支1 mL无菌吸管分别从10^{-4}、10^{-5}和10^{-6} 3管土壤稀释液中各吸取0.2 mL对号放入已写好稀释度的平板中，用无菌玻璃涂棒在培养基表面轻轻地涂布均匀。

（6）培养。将高氏1号培养基平板和马丁培养基平板倒置于28 ℃温室中培养3～5 d，肉膏蛋白胨平板倒置于37 ℃温室中培养2～3 d。

（7）挑菌。将培养后长出的单个菌落分别挑取接种到上述3种培养基的斜面上，分别置28 ℃和37 ℃温室中培养，待菌苔长出后，检查菌苔是否单纯，也可用显微镜涂片染色检查是否是单一的微生物，若有其他杂菌混杂，就要再一次进行分离、纯化，直到获得纯培养。

(二)稀释混合平板法

此法与稀释涂布平板法基本相同，无菌操作也一样，所不同的是先分别吸取0.5 mL 10^{-4}、10^{-5}、10^{-6}稀释度的悬液对号放入平皿，然后再倒入溶化后冷却到45 ℃左右的培养基，边倒入边摇匀，使样品中的微生物与培养基混合均匀，待冷凝成平板后，分别倒置于28 ℃和37 ℃温室中培养后，再挑取单个菌落，直至获得纯培养。

(三)平板划线分离法

1. 倒平板　按稀释涂布平板法倒平板，并用记号笔标明培养基名称。

平板划线法

2. 划线　划线在近火焰处，左手拿皿底，右手拿接种环，挑取上述10^{-1}的悬液1环在平板上划线。划线的方法很多，但无论哪种方法划线，其目的都是通过划线将样品在平板上进行稀释，使形成单个菌落。常用的划线方法有下列2种。

(1)用接种环以无菌操作挑取土壤悬液1环，先在平板培养基的一边作第1次平行划线3～4条，再转动培养皿约70°角，并将接种环上剩余物烧掉，待冷却后通过第1次划线部分作第2次平行划线，再用同法通过第2次平行划线部分作第3次平行划线和通过第3次平行划线部分作第4次平行划线。划线完毕后，盖上皿盖，倒置于温室培养。

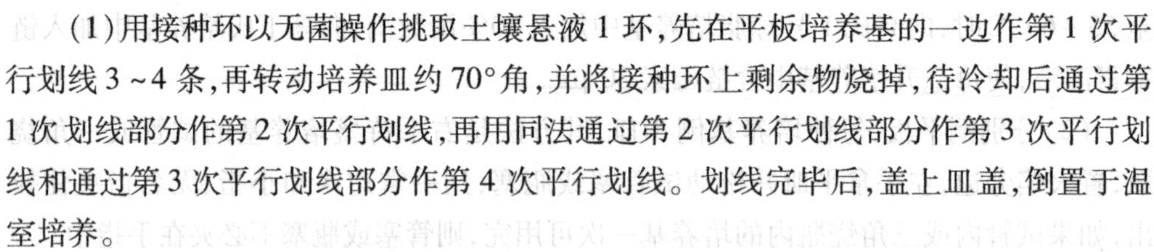

(2)挑取有样品的接种环在平板培养基上作连续划线。划线完毕后，盖上皿盖，倒置温室培养。

(四)放线菌的形态及其菌落特征的观察

放线菌是介于细菌与真菌之间的一类微生物，其菌体为丝状体，伸入培养基内的为基内菌丝，也称营养菌丝，生长在培养基表面的为气生菌丝。气生菌丝的上面可分化形成孢子丝，有各种形状，如直立、波浪、螺旋等。孢子丝可进一步分化形成孢子，孢子的形状大小也不相同，是分类的重要依据。放线菌的菌落早期和细菌菌落相似，后期形成孢子菌落呈粉状、干燥，有各种颜色，呈同心圆放射状。通过实验认识放线菌的菌丝及孢子丝的形态和放线菌的菌落特征，具体方法和步骤如下。

1. 水浸片法的制作及观察

(1)取洁净载玻片，滴加无菌水1滴。

(2)用接种环挑取经过28～30 ℃培养4～5 d的放线菌菌落少许，置于载玻片的无菌水滴内。

(3)取洁净盖玻片1块，先将盖玻片一端与液滴接触，然后将整个玻片慢慢放下避免产生气泡。置于显微镜下用高倍镜观察。

2. 印片法的制作及观察

(1)取菌：取2片干净的载玻片，用解剖刀切取一个完整的放线菌菌落(带培养基切下)，放在载玻片的中央(注意菌落应正放)。然后将另一个载玻片在酒精灯下微微加热后，盖在这一菌落上面，用接种环或解剖刀轻轻按压，然后小心拿下上面这块玻片（不可在菌落上移动）。

（2）固定：将取下的这块玻片，通过火焰固定。

（3）染色：用苯酚复红染色 30 s，然后水洗，风干。

（4）镜检：固定玻片于显微镜下，观察菌株形态。

3. 埋片法的制作及观察

（1）将培养基融化后倒入平板，待凝固后挑取少量放线菌孢子接入培养基上，在接种线旁倾斜插入无菌盖玻片。

（2）28～30 ℃培养 4～5 d 后，菌丝沿玻片向上生长，待菌丝长好后，取出玻片放在干净载玻片上，置于显微镜下观察。

（五）注意事项

（1）菌落是由单个或少数细胞在固体培养基表面或里面生长繁殖所形成的肉眼可见的子细胞群体。菌落形态会因菌种不同或菌种相同但所用的培养基、培养温度、pH 值和时间等条件不同而存在不同程度的差异。若所用的培养基、培养温度和时间条件相同，则同一种菌所形成的菌落形态具有相对的稳定性和统一性。

（2）纯培养的确定除了观察其菌落特征外，还要结合显微镜检测个体形态特征后才能决定，有些微生物的纯培养要经过一系列的分离与纯化过程和多样性特征鉴定才能确定。

二　微生物鉴定

菌种鉴定工作是各类微生物学实验室都经常遇到的基础性工作。不同的微生物往往有自己不同的重点鉴定指标。例如，在鉴定形态特征较丰富、形体较大的真菌等微生物时，常以其形态特征为主要指标；在鉴定放线菌和酵母菌时，往往形态特征与生理特征兼用；而在鉴定形态特征较少的细菌时，则须使用较多的生理、生化和遗传等指标；在鉴定病毒时，除使用电子显微镜和各种生化、免疫等技术外，还要使用一系列独特的方法。

通常把鉴定微生物的技术分成 4 个不同水平：①细胞的形态和习性水平，例如用经典的研究方法，观察细胞的形态特征、运动性、酶反应、营养要求和生长条件等。②细胞组分水平，包括细胞组成成分例如细胞壁成分，细胞氨基酸库，脂类，醌类，光合色素等的分析，所用的技术除常规实验室技术外，还使用红外光谱、气相色谱和质谱分析等新技术。③蛋白质水平，包括氨基酸序列分析、凝胶电泳和血清学反应等若干现代技术。④基因或 DNA 水平，包括核酸分子杂交（DNA 与 DNA 或 DNA 与 RNA），G+C mol% 值的测定，遗传信息的转化和转导，16 rRNA（核糖体 RNA）寡核苷酸组分分析，以及DNA与RNA的核苷酸顺序分析等。在微生物分类学发展的早期，主要的分类鉴定指标尚停留在细胞的形态和习性水平上，这类方法可称作经典的分类鉴定方法；从20世纪60年代起，后3个水平的分类鉴定的理论和技术即化学分类学开始发展，并为探索微生物的自然分类系统打下了坚实的基础，这些方法再加上数值分类法，可称为现代的分类鉴定方法。

细菌鉴定是指将未知细菌按生物学特征放入系统中某一适当位置和已知菌种比较其相似性，并通过对比分析方法确定细菌分类地位的过程。细菌鉴定方法包括生化鉴定、核酸检测、血清学鉴定、自动化仪器鉴定及质谱技术等。细菌鉴定是分类学的一个组成部分，临床细菌鉴定可将细菌鉴定至属和种，在细菌快速检测、细菌耐药性检测及感染细菌的流行病学调查中得到日益广泛的应用。在实验室中，主要是根据所用的鉴定仪器特点、标本种类、采集来源等因素建立具体的微生物学检验程序。目前应用最多的是微生物形态学鉴定、生化鉴定、血清学鉴定、分子生物学鉴定和质谱鉴定等。

（一）形态学鉴定

形态学特征是微生物分类和鉴定的重要依据之一。因为它易于观察和比较，尤其是在真核微生物和具有特殊形态结构的细菌中；此外，许多形态学特征依赖于多基因的表达，具有相对的稳定性。因此，形态学特征不仅是微生物鉴定的重要依据，而且也往往是系统发育相关性的一个标志。常规鉴定内容有形态特征和理化特性。形态特征包括显微形态和培养特征；理化特性包括营养类型、碳氮源利用能力、各种代谢反应、酶反应和血清学反应等。

1. 个体形态特征　在显微镜下观察细菌细胞的形状、大小及排列情况，革兰氏染色反应，运动性，鞭毛着生的位置和数目，芽孢的有无及芽孢的形状和着生的部位，细胞内含物及个体发育过程中形态变化的规律性；放线菌和真菌的菌丝结构，繁殖器官的形状和构造，孢子的形状、大小、颜色及表面特征等都是十分重要的分类依据。此外，荚膜和菌胶团也是某些微生物分类的参考依据。细菌的形态分为球菌、杆菌和螺形菌3种。

（1）球菌包括球形、肾形、豆状、矛头状等多种，直径0.8～1.2 μm，呈双球状、链状、葡萄状等多种排列形式。

（2）杆菌种类繁多，长短粗细差异较大，有杆状、球杆状、棒状及梭状等，并有链杆状、分枝状、栅栏状等多种排列形式。

（3）螺形菌分为：①弧菌，为弧状或逗点状，只有一个弯曲，如霍乱弧菌。②螺菌，菌体有2个以上弯曲，长3～6 μm，如鼠咬热螺菌；③螺杆菌，呈螺旋状弯曲，长2.5～4.0 μm，如幽门螺杆菌；④弯曲菌，呈U形、S形等，如空肠弯曲菌及大肠弯曲菌等。

2. 菌落形态特征　单个或少数细菌（或其他微生物的细胞、孢子）接种到固体培养基表面，如果条件适宜，就会形成以母细胞为中心的体形较大的子细胞群体。这种由单个或少量细胞在固体培养基表面繁殖形成的、肉眼可见的子细胞群体称为菌落。菌落形态包括菌落的大小、形状、边缘、光泽、质地、颜色和透明程度等。每一种细菌在一定条件下形成固定的菌落特征。不同种或同种细菌在不同的培养条件下，菌落特征是不同的。这些特征对菌种识别、鉴定有一定意义。细胞形态是菌落形态的基础，菌落形态是细胞形态在群体集聚时的反映。细菌是原核微生物，故形成的菌落也小；细菌个体之间充满着水分，所以整个菌落显得湿润，易被接种环挑起；球菌形成隆起的菌落；有鞭毛细菌常形成边缘不规则的菌落；具有荚膜的菌落表面较透明，边缘光滑整齐；有芽孢的菌落表面干燥有皱褶；有些能产生色素的细菌菌落还显出鲜艳的颜色。

菌落表面特征包括菌落大小、形状（露滴状、圆形、菜花样、不规则等）、突起或扁平、凹陷、边缘（光滑、波形、锯齿状、卷发状等）、颜色（红色、灰白色、黑色、绿色、无色、黄色等）、表面（光滑、粗糙等）、透明度（不透明、半透明、透明等）和黏度等。据细菌菌落表面特征不同，可将菌落分为 3 种类型。

（1）光滑型菌落（S 型菌落）：菌落表面光滑、湿润、边缘整齐，新分离的细菌大多呈光滑型菌落。

（2）粗糙型菌落（R 型菌落）：菌落表面粗糙、干燥、呈皱纹或颗粒状，边缘大多不整齐。R 型菌落多为 S 型细菌变异失去菌体表面多糖或蛋白质形成。R 型细菌抗原不完整，毒力和抗吞噬能力都比 S 型细菌弱。但也有少数细菌新分离的毒力株就是 R 型，如炭疽孢杆菌、结核分枝杆菌等。

（3）黏液型菌落（M 型菌落）：菌落黏稠、有光泽、似水珠样。多见于厚荚膜或丰富黏液层的细菌、结核分枝杆菌等。

3. 菌落溶血特征　菌落溶血有下列 3 种情况。

（1）α 溶血：又称草绿色溶血，菌落周围培养基出现 1 ~ 2 mm 的草绿色环，为高铁血红蛋白所致。

（2）β 溶血：又称完全溶血，菌落周围形成一个完全清晰透明的溶血环，是细菌产生的溶血素使红细胞完全溶解所致。

（3）γ 溶血：即不溶血，菌落周围的培养基没有变化，红细胞没有溶解或缺损。

4. 放线菌的菌落形态　放线菌的菌落由菌丝体组成。放线菌菌丝纤细，生长缓慢，相互交错，所以形成的菌落较小而且质地致密，表面干燥、多皱、绒状。放线菌基内菌丝长在培养基内，菌落与培养基结合较紧，不易挑起。幼龄菌落因气生菌丝尚未分化成孢子丝，所以不易与细菌菌落相区分。当放线菌形成大量的分生孢子而布满菌落表面后，形成表面呈细粉状或颗粒状的典型放射状菌落。由于放线菌的菌丝和孢子常产生各种色素，所以菌落正反两面有时会呈现不同色泽。

（二）分子生物学鉴定

分子生物学鉴定主要是通过 DNA 测序对微生物进行物种鉴定（菌种鉴定），是比传统生化鉴定更先进的鉴定方法。DNA 测序不依赖菌种本身特点，对所有菌种均可使用。比传统生化鉴定更加快速，准确。微生物物种的分子生物学鉴定包括细菌 16S rDNA 鉴定和真菌 26S/28S rDNA 鉴定、真菌 ITS 鉴定等。通过大量实验优化的通用引物适用于 99% 以上的微生物，鉴定成功率在 95% 以上。基本步骤包括基因组提取、基因扩增、产物回收和纯化、基因测序和数据比对。

1. 细菌基因组提取　在这里主要介绍实验最常规的酚氯仿法提取基因组。

(1)首先，待培养的细菌接种于 5 mL 液体培养基中，37 ℃摇床(300 r/min)培养过液。

(2)取 1 mL 培养物于 1.5 mL EP 管中，室温 8 000 r/min 离心 5 min，弃上清，沉淀重新悬浮于 1 mL TE(pH 值 8.0)中(用 ddH_2O 也行)。

(3)加入 6 μL 50 mg/mL 的溶菌酶，37 ℃作用 2 h。

(4)再加 2 mol/L NaCl 50 μL，10% SDS 110 μL，20 mg/mL 的蛋白酶 K 3 μL，50 ℃作用 3 h 或 37 ℃过夜(此时菌液应为透明黏稠液体)。

(5)菌液均分到两个 1.5 mL EP 管，加等体积的酚：氯仿：异戊醇(25：24：1)，混匀，室温放置 5 ~10 min。12 000 r/min 离心 10 min。抽提 2 次(上清很黏稠，吸取时应小心，最好剪去枪头尖)。

(6)加 0.6 倍体积的异丙醇，混匀，室温放置 10 min。12 000 r/min 离心 10 min。

(7)沉淀用 75% 的乙醇洗涤。

(8)溶于 50 μL ddH_2O 中，取 2 ~5 μL 进行琼脂糖凝胶电泳检测。

(9)剩余提取的 DNA 于-20 ℃保存。

2. 设计/选择目的基因引物进行 PCR 扩增　根据已知目的基因(如细菌 16S rDNA 和真菌 26S/28S rDNA、真菌 ITS)设计或采用通用引物进行上下游引物合成。一般更加需要以提取的基因组 DNA 为模板，加入 Taq 酶、缓冲液、dNTPs 和合成的上下游引物配制合适的 PCR 扩增反应体系。依据上下游引物的退火温度，建立合适的 PCR 反应条件(如，94 ℃ 5 min；94 ℃ 30 s，55 ~60 ℃ 30 s，72 ℃ 30 s，30 个循环；72 ℃ 5 min；4 ℃ ∞)进行上机扩增。

3. PCR 产物回收与纯化　目前 PCR 产物回收和纯化的方法有很多，商用化试剂盒的出现使得 DNA 的纯化过程变得更加简便快捷。简要步骤如下。

(1)在紫外灯下切下含有目的 DNA 的琼脂糖凝胶，计算凝胶重量。

(2)加入 3 个凝胶体积的融胶 Buffer 混合均匀后，于 65 ℃加热，直至凝胶完全熔化。

(3)加 0.5 个体积的沉淀 DNA 的 Buffer，混合均匀，加入 1 个凝胶体积的异丙醇。

(4)吸取(3)中的混合液，转移到 DNA 制备管(置于 2 mL 离心管中)，12 000 r/min离心 1 min 弃滤液。

(5)将制备管置回 2 mL 离心管中，加 500 μL 洗脱液 Buffer，12 000 r/min 离心 30 s 弃滤液。

(6)将制备管置回 2 mL 离心管中，加 700 μL 洗脱液 Buffer，12 000 r/min 离心 30 s 弃滤液。重复一次。

(7)将制备管置回 2 mL 离心管中,12 000 r/min 离心 1 min 彻底去除残余的液体。

(8)将制备管置于 1.5 mL 离心管中,在制备膜中央,加 25 ~30 μL TE 溶液或去离子水,室温静置 1 min。12 000 r/min 离心 1 min 洗脱 DNA 于干净的 EP 管中,待测序。

4. 目的片段测序 目前基因片段测序的方法有很多,如荧光标记的 Sanger 法,第二代,第三代测序法,都是已经商业化的测序方法,只要获得了基因的目的片段,就可以准确地对片段进行测序。

5. 与数据库中已知细菌比较获得样品种属信息 登录 NCBI 网站,打开 BLAST 链接,输入测序的目的片段,比对序列数据库,查询序列进行同源性分析。选取近似菌种序列,构建系统发育树。

(三)血清学鉴定

适用于含较多血清型的细菌,常用方法是玻片凝集试验,并可用免疫荧光法、协同凝集试验、对流免疫电泳、间接血凝试验、酶联免疫吸附试验等方法快速、灵敏地检测样本中致病菌的特异性抗原。用已知抗体检测未知抗原(待检测的细菌),或用已知抗原检测患者血清中的相应抗细菌抗体及其效价。血清学鉴定操作简单快速,特异性高,可在生化鉴定基础上为细菌鉴定提供确定诊断。玻片凝集试验的基本实验方法与步骤如下。

(1)取清洁玻片 1 张,用蜡笔划为 3 格,并注明号码。无菌操作下,用接种环于 1、2 格内加 1∶10 稀释伤寒杆菌诊断血清 1 ~2 滴,第 3 格加 1 ~2 滴生理盐水。

(2)无菌操作下,用接种环取伤寒杆菌培养物少许,混于第 3 格中,再混于第 1 格中(不能先混第 1 格再混第 3 格,因为这样将使诊断血清混入盐水而影响对照结果),将细菌与盐水或血清混合均匀使呈乳状液。此时取菌量不可过多,使悬液呈轻度乳浊即可。

(3)同法取痢疾杆菌培养物少许,于第 2 格内混匀。

(4)轻轻摇动玻片,经 1 ~2 min 后肉眼观察,出现乳白色凝集块者,即为阳性反应;仍为平等的乳浊液者,即为阴性反应。如结果不够清晰,可将玻片放于低倍显微镜下观察。

(四)质谱鉴定技术

微生物质谱鉴定是近年来发展起来的一种新型的软电离生物质谱技术,用于分析细菌的化学分类和鉴定,具有高灵敏度和高质量检测范围的优点,主要是对核酸、蛋白质、多肽等生物大分子串联质谱进行分析。与常规的形态学分析和分子生物学鉴定方法相比,具有快速、准确、操作简便、成本低廉,同时进行同源性分析和常规耐药性分析等优势。可应用于疾控机构微生物传染病原的鉴定与监测、临床微生物的高通量快速鉴定、食品和环境中的细菌监测等领域,满足微生物的快速鉴定与分类需求,是微生物鉴定领域中的最新技术。目前应用和安装的最多的是德国 Bruker MALDI Biotyper 的微生物质谱快速鉴定系统,包括基质辅助激光解吸电离飞行时间质谱仪(MALDI-

TOF)和 Biotyper 数据库。

第七节 菌种保藏技术

菌种保藏是将微生物菌种采用适宜的方法妥善保藏,避免其死亡、污染,并保持其原有性状基本稳定的一种实验方法,也是微生物实验室极为重要的一项基础性工作。微生物菌种保藏技术是运用物理、生物手段让微生物菌种处于完全休眠状态,使在长时间储存后仍能保持微生物原有生物特性和生命力的菌种储存的技术,主要通过降低基质含水量、降低培养基营养成分或利用低温或降低氧分压的方法抑制菌种的呼吸、生长,新陈代谢,使其处于半休眠状态或全休眠状态,以显著延缓期菌种衰老速度,降低发生变异的机会,从而使菌种保持良好的遗传特性和生理状态。微生物在生命活动、菌种繁育时,由于受外界不良条件、病毒的伤害,往往会发生退化。如长期高温会使菌丝生命力降低;传代次数增加,会使某些细胞器减少甚至丢失;接种时菌种常会受到消毒药剂和火焰高温的伤害而发生退化;接种挑选菌种时可能在无意中造成某一形态的菌丝比例多,而另一形态的菌丝减少;长期传代,繁殖菌种很可能被病毒侵染。如此种种情况,都会使菌种发生退化。保种可降低发生变异的频率。保种的另一层意义是,保藏某一菌种的某些特殊遗传性状(遗传基因),此性状对生产可能无经济使用价值,但以后或可作为育种材料。目前,实验室常见的菌种保藏方法有斜面低温保藏、甘油管冷冻保藏、冷冻干燥保藏和液氮超低温保藏。上述几种保藏方法可根据实验室具体条件与需要,选择合适的菌种保存方法。

一 斜面低温保藏法

斜面低温保藏是将菌种接种在适宜的固体斜面培养基上,待菌充分生长后,棉塞部分用油纸包扎好,移至 2 ~ 8 ℃的冰箱中保藏。保藏时间依微生物的种类而有不同,霉菌、放线菌及有芽孢的细菌保存 2 ~ 4 个月,移种 1 次。酵母菌 2 个月,细菌最好每月移种 1 次。此法为实验室和工厂菌种室常用的保藏法,优点是操作简单,使用方便,无须特殊设备,能随时检查所保藏的菌株是否死亡、变异与污染杂菌等。缺点是容易变异,因为培养基的物理、化学特性不是严格恒定的,屡次传代会使微生物的代谢改变,而影响微生物的性状;污染杂菌的机会亦较多。具体操作步骤如下。

斜面低温菌种保藏

1. 培养基　一般菌种用 PDA 培养基。葡萄糖 18 g，马铃薯（去皮）200 g，琼脂 20 g，水 1 000 mL，pH 值自然。特殊菌种用特殊培养基。

2. 接种　接种保藏菌种用的菌种，菌丝应健壮。用前端的菌丝作接种材料。接种时要防止火焰高温、消毒药液对菌种的伤害。

3. 培养　应以适宜温度或略低于最快生长温度的温度培养。蘑菇、香菇菌种应在 22 ℃左右温度培养，灵芝等高温菌种应在 25 ℃左右温度培养，培养时试管表面用 8 层厚的纱布或薄棉被覆盖，避光。

4. 保藏菌种质量要求　菌丝生长整齐，菌丝长到培养基面积 2/3。

5. 保藏方法　用牛皮纸或硫酸纸将试管棉花塞包好，放在清洁的小木盒中。木盒上注明菌种的名称、菌名、保存日期、经手人姓名，再放在 4 ℃中保藏。保藏菌种的冰箱不要经常开启，保持温度稳定。

二 甘油管冷冻保藏法

甘油管冷冻保藏菌种是目前实验室应用最为广泛的一种菌种保藏方法，原理是以甘油为保护剂，低温冷冻条件下，使微生物的新陈代谢趋于停止，从而达到长期有效的保藏。一般来说，保藏温度越低，保藏效果越好，目前实验室大都采用-80 ℃冰箱保藏。具体方法如下。

甘油冷冻管

1. 配制 30% ~50% 甘油水溶液，高压灭菌后备用。

2. 取事先灭菌的甘油管 3 只，用接种环无菌刮取菌落若干，吸取 30% ~50% 甘油水溶液涮洗在甘油管中（也可用磷酸缓冲液洗涤培养基上的菌落制成悬液，再吸取悬液置于甘油管中）。

3. 在盛有菌悬液的甘油管中加等量 30% 甘油。

4. 封盖好，做好标记，置于-80 ℃冻存。

三 冷冻干燥保藏法

此法为菌种保藏方法中最有效的方法之一，对一般存活力强的微生物及其孢子以及无芽孢菌都适用，即使对一些很难保存的致病菌，如脑膜炎球菌与淋病奈瑟球菌等亦能保存。适用于菌种长期保存，一般可保存数年至十余年，但设备和操作都比较复杂。

1. 准备安瓿管　用于冷冻干燥菌种保藏的安瓿管宜采用中性玻璃制造，形状可用长颈球形底的，亦称泪滴形安瓿管，大小要求外径 6 ~7.5 mm，长 105 mm，球部直径 9 ~11 mm，壁厚 0.6 ~1.2 mm。也可用没有球部的管状安瓿管。塞好棉塞，高压蒸汽灭菌 1.05 kg/cm^2,121 ℃灭菌 30 min,备用。

2. 准备菌种　用冷冻干燥法保藏的菌种,其保藏期可达数年至十数年,为了在许多年后不出差错,故所用菌种要特别注意其纯度,即不能有杂菌污染,然后在最适培养基中用最适温度培养,以培养出良好的培养物。细菌和酵母的菌龄要求超过对数生长期,若用对数生长期的菌种进行保藏,其存活率反而降低。一般细菌需要 24 ~48 h 的培养物;酵母需培养 3 d;形成孢子的微生物则宜保存孢子;放线菌与丝状真菌则培养 7 ~10 d。

3. 制备菌悬液与分装　以细菌斜面为例,用脱脂牛乳 2 mL 左右加入斜面试管中,制成浓菌液,每支安瓿管分装 0.2 mL。

4. 冷冻　将分装好的安瓿管放低温冰箱中冷冻,无低温冰箱可用冷冻剂如干冰(固体 CO_2)酒精液或干冰丙酮液,温度可达-70 ℃。将安瓿管插入冷冻剂,只需冷冻 4 ~5 min,即可使悬液结冰。

真空冷冻干燥机

5. 真空干燥　为在真空干燥时使样品保持冻结状态,需准备冷冻槽,槽内放碎冰块与食盐,混合均匀,可冷冻至-15 ℃。抽气一般若在 30 min 内能达到 93.3 Pa (0.7 mmHg)真空度时,则干燥物不致熔化,之后再继续抽气,几小时内,肉眼可观察到被干燥物已趋干燥,一般抽到真空度 26.7 Pa(0.2 mmHg),保持压力 6 ~8 h 即可。装置仪器,安瓿管放入冷冻槽中的干燥瓶内。冷冻干燥器有成套的装置出售,价值昂贵,此处介绍的是简易方法与装置,可达到同样的目的。

6. 封口抽真空　干燥后,取出安瓿管,接在封口用的玻璃管上,可用 L 形五通管继续抽气,约 10 min 即可达到 26.7 Pa(0.2 mmHg)。于真空状态下,以煤气喷灯的细火焰在安瓿管颈中央进行封口。封口以后,保存于冰箱或室温暗处。

四 液氮超低温保存法

液氮超低温保存是适用范围最广的微生物保存法。液氮内的温度为-196 ℃,在-136 ~ -196 ℃下,微生物生长、呼吸、新陈代谢处于完全停止状态,菌丝不会衰老,从而能使菌种保存很长时间而不退化。液氮超低温保藏菌种,需要有液氮罐、菌种保存管和保存液。常用 PDA 培养基菌种或麦粒培养基菌种。保存容器可用冻存管或安瓿管。其操作步骤如下。

1. 装安瓿管　使用尽量浓厚的菌体使其悬浮于含有适当防冻剂(保存霉菌不用防冻剂)的灭菌溶液中,将 0.2 ~1 mL 的这种溶液分装于安瓿中,或在装有分散剂的安瓿中直接接种,或将菌丝体琼脂块直接悬浮于分散剂中。

2. 熔封安瓿管　若直接储存于气相液氮中(-150 ~ -170 ℃)时,则无须熔封。

3. 检查安瓿管是否熔封良好　即在 4 ℃下,将熔封安瓿管在适当的色素溶液中浸泡 2 ~30 min 后,观察有无色素进入安瓿。

4. 缓慢冷却　将熔封安瓿管置于小罐中，然后用液氮气以约 1 ℃/min 的速度冷却至-25 ℃左右，也可在-20 ~ -25 ℃的冰箱内缓慢冷却 30 ~ 60 min。

5. 速冷　最后浸入液氮中快速冷却至-196 ℃。

五 菌种活化及培养

菌种活化就是将保藏状态的菌种放入适宜的培养基中培养，逐级扩大培养得到纯而壮的培养物，即获得活力旺盛的、接种数量足够的培养物。菌种发酵一般需要 2 ~ 3 代的复壮过程，因为保存时的条件往往和培养时的条件不相同，所以要活化，让菌种逐渐适应培养环境。

1. 安瓿管开封

(1)用浸过 70% 乙醇的脱脂棉擦净安瓿管。

(2)用火焰将安瓿管顶端加热。

(3)滴无菌水至加热的安瓿管顶端使玻璃开裂。

(4)用锉刀或镊子敲下已开裂的安瓿管的顶端。

2. 菌株恢复培养

(1)用无菌吸管，吸取 0.3 ~ 0.5 mL 适宜的液体培养基，滴入安瓿管内，轻轻振荡，使冻存菌体溶解呈悬浮状。

(2)取 0.1 ~ 0.2 mL 菌体悬浮液，移植于适宜的琼脂斜面/平板培养基上，剩余的菌液注入适宜的液体培养基内，然后在建议的温度下培养。

(3)未能活化，或活化后有疑问时，请于收到菌种 1 个月内，通知保藏中心，经查证无误后，即免费补寄。

第二章 细胞培养基础实验

第一节 概述

细胞培养是指从体内组织取出细胞在体外模拟体内环境下，使其生长繁殖，并维持其结构和功能的一种培养技术。细胞培养的培养物可以是单个细胞，也可以是细胞群。

细胞培养目的与用途主要有以下两方面。

1. 科学研究　药物研究与开发：①新药筛选。如化学合成药物药效研究、中药有效成分筛选与鉴定等。②疫苗研究与开发。如病毒性疫苗的研究与开发（肝炎病毒疫苗、艾滋病疫苗等）、肿瘤疫苗（多肽疫苗）等。③基因工程药物研究与开发。如干扰素研究与开发，细胞生长因子研究与开发等。④细胞工程药物研究与开发。生物活性多肽研究与开发，人参皂甙、紫杉醇等生物活性成分研究与开发。⑤单克隆抗体制备。包括诊断用单克隆抗体、治疗用单克隆抗体。

基础研究：①药物作用机理。②基因功能。③疾病发生机理。

2. 生物制药　①疫苗生产：如病毒性疫苗（肝炎病毒疫苗、艾滋病疫苗等）、肿瘤疫苗（多肽疫苗）等。②基因工程药物生产：如在临床医学中具有治疗价值的一些细胞生长因子如干扰素、粒细胞生长因子、胸腺肽等。③诊断用和药用单克隆抗体生产。④细胞工程药物生产：生物细胞内的一些生物活性多肽，生物活性物质等。

细胞培养实验的成功取决于许多因素，包括选择合适的细胞系，良好的培养环境，规范的实验操作和正确使用实验设备等。

一 选择合适的细胞系

1. 选择细胞系　细胞有很多类型，根据需要选择合适的细胞系尤其重要。细胞系的选择，主要从以下几个方面进行。

(1)根据开展的实验，选择使用的细胞种属类型。

(2)实验目的不同，可以选择具有不同特定功能特性的细胞系。例如：肝脏和肾脏来源的细胞系可能更适合做毒性测试，大脑、脊髓组织来源的细胞多用于神经系统相关研究。

(3)连续细胞系容易增殖和维持，有限细胞系便于功能实验的表达。

(4)是否需要生长速度快，接种效率高，可连续培养的转化细胞。

(5)根据生长条件和特性不同，选择不同细胞系。例如：要大量表达重组蛋白，可以选择生长迅速且能悬浮生长的细胞系。

2. 获取细胞系　细胞系的获取可以通过获取原代细胞从而建立细胞系，也可选择从商业供应商或者非营利性供应单位（即细胞库）处购买已经建立的细胞系。从其他实验室借用细胞，具有很高的污染风险。不建议大家借用。无论来源如何，使用细胞之前都应确保自己的细胞系经过支原体污染检测。

二 细胞培养实验设备

细胞培养实验室的基本设备包括生物安全柜、培养箱、水浴、离心机、冰箱、细胞计数器和倒置显微镜等。

安全柜为实验提供一个无菌的环境，在无菌环境下打开细胞培养皿和试剂瓶可以避免污染。培养箱为细胞生长提供了适宜培养环境。二氧化碳和温度的设置取决于细胞类型和培养基的选择。哺乳动物细胞是在 37 ℃，5% 的 CO_2 和高湿度的环境下培养的。水浴时，瓶子直立，瓶颈露出水面。另外，金属浴可替代水浴，且更清洁，更环保。离心机，根据离心时间和离心速度的不同从而分离物品，是细胞培养设施中不可缺少的。根据试剂说明将细胞培养过程中用到的试剂储存到试剂柜或冰箱中，避免试剂变质。全自动细胞计数仪可以在培养中快速计数，也可以用细胞计数器手动对细胞计数。显微镜观察培养物，用来检查细胞健康和生长情况，根据观察是否受到污染，从而确保在培养中使用的细胞是健康的。

细胞实验室常见仪器设备如下。

1. 冰箱　根据药品、试剂及多种生物制剂保存的需要，必须具备不同控温级别的冰箱，最常用的有：4 ℃、-20 ℃、-80 ℃冰箱。4 ℃适合储存某些溶液、试剂、药品等。-20 ℃适用于某些试剂、药品、酶、血清、配好的抗生素和DNA、蛋白质样品等。-80 ℃ 适合某些长期低温保存的样品、纯化的样品、特殊的低温处理消化液等的保存。0 ~ 10 ℃的冷柜适合低温条件下的电泳、层析、透析等实验。

2. 液氮罐　有些实验材料、某些器官组织、细胞株、菌株及纯化的样品等，要求速冻和长期保存在超低温环境下，就需要一个液氮罐(-196 ℃)，具有经济、省力和较好地保持细胞生物学特性的优点。

3. 培养箱　37 ℃恒温箱用于细菌的固体培养和细胞培养。CO_2 培养箱适用于培养各种细胞，可恒定地提供一定量的 CO_2(通常5%)，用来维持培养液的酸碱度(pH值)。37 ℃恒温空气摇床可进行液体细菌的培养。

4. 水浴锅　25 ~ 100 ℃水浴摇床可用于分子杂交试验，各种生物化学酶反应等试验的保温。25 ~ 100 ℃水浴箱用于常规试验。

5. 蒸馏水皿　单蒸水常难以满足实验要求。双蒸水、三蒸水配液，许多实验需要去离子水。多次蒸馏水可除去水中挥发性杂质，但不能完全除去水中溶解的气体杂质[Mn^{2+}、Cu^{2+}、Zn^{2+}、Fe^{3+}、Mo(Ⅵ)]。

6. 超纯水　用蒸馏水、离子交换水、反渗透纯水作为供水，磁铁耦合齿轮泵作用使水循环。用于聚合酶链式反应(PCR)、PCR氨基酸分析、DNA测序、酶反应、组织和细胞培养等。

7. 压力蒸汽灭菌器　用于小批量物品的随时消毒。大批实验物品、试剂、培养基可使用大型消毒设备且定时进行消毒。

8. 超净工作台　内有紫外灯、照明灯，还应有酒精灯火焰、75%乙醇等灭菌的设备，是一种提供局部洁净度的设备。其原理是鼓风机驱动空气，经过低、中效的过滤器后，通过工作台面，使实验操作区域成为无菌的环境。

9. 制冰机　用于制造大多数核酸、蛋白质的实验操作所需的低温环境，以减少核酸酶或蛋白质酶的水解。

10. 通风橱　使用的溶剂能逸出毒气时必备，放射性试验还要有有机玻璃屏蔽。

11. 离心机　离心技术是研究生物的结构和功能中不可缺少的一种物理技术手段。因为各种物质在沉淀系数、浮力和质量等方面有差异，可利用强大的离心力场使其分离、纯化和浓缩。目前有各种各样的离心机。可供少于0.05 mL到几升的样品离心之用。离心技术应用广泛，包括收集和分离细胞、细胞器和生物大分子等。

三　培养环境

无菌无毒的操作环境和培养环境是保证细胞在体外培养成功的首要条件。在体外培养的细胞由于缺乏对微生物和有毒物的防御能力，一旦被微生物或有毒物质污染，或者自身代谢物质积累，可导致细胞中毒死亡。因此，在体外培养细胞时，必须保持细胞生存环境无菌无毒,及时清除细胞代谢产物。良好的细胞培养环境不仅可以有效控制细胞生长的物理化学环境(例如:温度、pH 值、渗透压、氧和二氧化碳浓度等)还可以有效控制细胞生长的生理环境。

1. 恒定的温度　维持培养细胞旺盛生长,必须有恒定适宜的温度。细胞培养的最佳温度主要取决于细胞类型。不同细胞类型,对于温度的要求也不相同(例如:哺乳动物细胞是在 37 ℃左右条件下培养的)。

2. pH 值　细胞类型和培养基的选择不同,细胞培养时的 pH 值也不相同。大多数正常的哺乳动物细胞系都能在 pH 值 7.4 的环境中生长良好,而且不同细胞株间差异极小。但是,目前发现有些转化细胞系在轻度偏酸性的环境中生长较好,而有些正常的成纤维细胞系更适合轻度偏碱性的环境。

3. 二氧化碳　气体是哺乳动物细胞培养生存必需条件之一,所需气体主要有氧气和二氧化碳。由于培养基的 pH 值取决于溶解态二氧化碳(CO_2)与碳酸氢盐(HCO_3^-)间的精密平衡,因此空气中二氧化碳含量的变化会改变培养基的 pH 值,为培养的细胞缓冲 pH 值的变化。因此,必须使用外源性二氧化碳。虽然大多数研究人员通常使用浓度为 5% ~7% 的二氧化碳,但是 4% ~10% 浓度的二氧化碳适用于大多数细胞培养实验。每种细胞的培养条件不一,每种培养基均具有其推荐的二氧化碳压力和碳酸氢盐浓度,以便达到正确的 pH 值和渗透压;更多信息请参阅培养基制造商提供的说明书。

四　注意事项

1. 当使用生物安全柜时,确保玻璃板在适当的高度,正确的椅子高度和身体位置可以减少肩膀的压力,也有助于防止污染。不要对着安全柜内部呼吸或说话。使用前和使用后用 70% 乙醇擦拭安全柜。安全柜内的每件物品都要喷上 75% 的乙醇并擦拭干净。

2. 安全柜内的物品通常按下面所述来放置:移液枪在前面,试剂在后面,管架在左边,小容器在右边,细胞板在中间。

3. 一些实验室在使用试剂前将它们加热到 37 ℃。加热试剂需要 10 ~20 min,加热速度取决于瓶子的大小,另一些人选择使用加热到室温的试剂,或者直接从 4 ℃的瓶子中取用试剂。切勿将试剂在水浴中放置太长时间。温度过高会导致谷氨酸钠降解,胰蛋白酶失活。

4. 小心地转移细胞,不要破坏单层细胞,并且避免培养基飞溅导致污染的发生。

5. 在培养箱内,保持细胞培养瓶的均匀间隔,避免拥挤,确保培养箱内的空气自由流动。这有助于保持温度、湿度和适当的气体交换。不要把培养皿堆得太高,避免倒塌。而下面的培养皿可能得不到足够的气体交换。

第二节 细胞复苏

在细胞培养实验中，冻存细胞要进行复苏，再培养传代。复苏细胞一般采用快速融化法。二甲基亚砜（DMSO）和细胞培养冻存液是有毒的，细胞的解冻对它们来说是一个非常有压力的过程。为了帮助细胞存活，在最佳的条件下（如温度，培养基配方等）快速地执行每一步操作。

（一）实验材料

冻存的细胞，37 ℃水浴锅，37 ℃预热的生长培养基等。

（二）实验步骤

（1）在将细胞从液氮容器中取出之前，先消毒安全柜。预热培养基。不同细胞解冻到培养瓶中的步骤是相同的，但不同的细胞，培养瓶应提前做好标记。

（2）从液氮罐中取出冷冻管时应做好防护措施，佩戴眼镜和手套。快速操作，使细胞离开液氮罐时不会解冻。

（3）细胞瓶应在 37 ℃ 的水浴中迅速摇晃解冻。小心不要把药瓶浸入水中，避免污染。

（4）在 150×g 速度下离心 5～10 min，弃去上层液。在离心机中旋转细胞可以去除含有 DMSO 的冷冻介质。不同类型的细胞，离心速度和时间会有所不同。

（5）加入适量培养液重悬细胞，接种于培养瓶中，上下左右 4 个方向晃动培养瓶，保证细胞和培养基的均匀分布。并置于 37 ℃ 细胞培养箱中静置培养。

（6）通常在几小时后或第 2 天检查细胞是否附着，附着力如何，形态是否良好。次日更换 1 次培养液，继续培养，观察生长情况。

（7）若细胞密度较高，及时传代。

（三）注意事项

（1）当把冻存管转移到生物安全柜中时，用酒精擦拭瓶子后再将它放入安全柜，避免污染。

（2）在进行细胞复苏实验操作时，注意融化冻存细胞的速度要快，可不时摇动冻存管，使之尽快通过最易受损的温度段（-5～0 ℃）。这样复苏的冻存细胞存活率高，生长及形态良好。

（3）接种细胞时，所需的培养基体积，培养瓶大小和数量取决于冻存管中细胞的数量和细胞的最佳播种密度。有时需要活细胞计数来确定要使用的培养瓶数量和培养基体积。

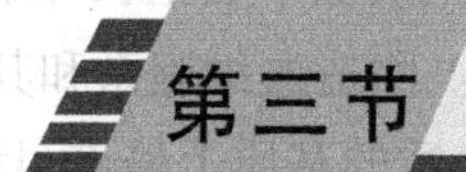

第三节 细胞传代

细胞生长遵循一个标准的模式,播种后,直角坐标系中出现一段对数生长期,当细胞覆盖平板或细胞密度超过培养基容量时,应进行传代。将细胞保持在对数生长状态,可以最大化健康细胞的数量。

一 传代的原理

1. 传代的概念 指去除原培养基并将细胞从原培养体系转系到新鲜的生长培养基中,该过程可使细胞系或细胞株进一步增殖。

接种后培养的细胞生长将从延滞期进入对数期,细胞呈指数增殖。当贴壁细胞已占据所有可用基质、没有扩增空间,或者悬浮培养的细胞已超过培养基所能支撑的能力,无法进一步生长时,细胞增殖速度将大大降低甚至完全停止。为了将细胞密度维持在最佳水平,以便细胞继续生长,并且刺激其进一步增殖,必须将培养物分成若干部分,并添加新鲜培养基。

2. 传代的时机

(1)贴壁培养细胞进入对数生长期、未达到汇合状态时即应进行传代。正常细胞达到汇合状态时会停止生长(接触抑制),重新接种后需要较长时间才能恢复。转化细胞即使达到汇合状态也能继续增殖,但是在经过大约 2 个倍增时间后通常会变质。悬浮培养的细胞进入对数生长期、未达到汇合状态时也应进行传代。达到汇合状态时,悬浮培养的细胞会聚集成团块,转动培养瓶时培养基会变得浑浊。

(2)乳酸是细胞代谢的副产物,生长培养基 pH 值降低通常表示乳酸蓄积。乳酸有细胞毒性,而且 pH 值降低也是细胞生长的不利因素。pH 值改变的速度通常取决于培养体系中的细胞浓度,细胞浓度越高,培养基耗竭的速度越快。如果发现 pH 值迅速降低(>0.1 ~0.2 pH 单位),同时细胞浓度增大,则应对细胞进行传代。

二 贴壁细胞及悬浮细胞的传代方法

目前主要有两种基本的细胞培养体系,一种是使细胞在人工基质上单层生长(贴壁培养),另一种是使细胞在培养基中自由漂浮生长(悬浮培养)。除造血细胞系和其他一些细胞外,大多数脊椎动物细胞均具有贴壁依赖性,必须在合适的基质上培养,且该基质必须经过特殊处理,以便细胞黏附和伸展组织培养处理。但是,许多细胞系也可采用悬浮培养,悬浮培养细胞可在未经组织培养处理的培养瓶中培养,但是培养容量表面积比(通常为 0.2 ~ 0.5 mL/cm^2)的增加,阻碍了有效的气体交换,因此需要对培养基进行搅动。这种搅动一般通过磁力搅拌器或者转瓶实现。

(一)贴壁细胞传代

1. 实验材料　需要传代的贴壁细胞,经过组织培养处理的培养瓶、培养板或培养皿,完全生长培养基,一次性无菌试管,37 ℃ 细胞培养箱,磷酸缓冲溶液(PBS),消化酶(例如:胰蛋白酶)。

2. 实验步骤　一定要保持工作区的无菌清洁,先用紫外线灯和臭氧杀菌 1 h,然后通风 30 min,操作前须换细胞间专用拖鞋,双手带上一次性橡胶手套并用 75% 乙醇消毒,穿上实验服,戴上一次性口罩和帽子,整个无菌操作都应该在酒精灯的周围进行。在从保温箱中取出培养瓶之前,先对安全柜进行消毒,并准备好所有需要的用品。仔细检查培养物是否有污染或变质的迹象,运输过程中小心处理细胞。

(1)取对数生长期的贴壁细胞,使用无菌移液管从培养瓶中取出培养基,用平衡溶液(例如:PBS)冲洗细胞 1 ~ 2 遍(每 10 cm^2 培养表面积需要 2 mL 平衡溶液)。

(2)冲洗细胞后,除去废液。加入细胞消化液,将细胞从培养瓶中分离出来。加入细胞消化液的量达到溶液可覆盖细胞且不应过多。

(3)将培养容器在室温下孵育约 2 min(注意,实际孵育时间根据所用细胞系不同可能有所差异)。

(4)可以轻拍培养皿来帮助细胞分离。用显微镜确认细胞已从培养瓶上脱离。当它们脱离培养瓶时,将呈现圆形,当培养瓶倾斜时,它们将移动或滑动。不要让消化液在培养瓶中停留太久。

(5)将细胞转移至锥形离心管中,通过离心去除任何残留的消化液。细胞的类型不同,离心的速度和时间不同,离心后可得到成形的细胞沉淀。

(6)用移液枪将培养基从离心管中移出,并将废液丢弃到废液容器中。尽量不要触碰到细胞沉淀。

(7)用完全生长培养基使细胞沉淀复苏。用吸管轻轻地吹打细胞沉淀,以确保获得单一细胞的重悬液。

(8)取出一个小样本进行细胞计数。使用台盼蓝计数细胞,观察活细胞与死细胞的比例。根据细胞数量,确定所需新鲜培养基的用量,以获得最佳的播种密度。

(9)添加适量的培养基,轻轻混合细胞,用移液枪将溶液加入到新的培养瓶中,把培养瓶上的排气盖盖紧。如果没有排气孔,则将阀盖松开。

(10)上下左右晃动,让细胞均匀分布,将培养瓶放入培养箱中。

(二)悬浮细胞传代

悬浮细胞传代比贴壁细胞传代稍微简单一些。由于细胞已经在生长培养基中悬浮,因此无须通过酶的作用使其从培养容器表面脱离,整个过程较为迅速,对细胞的损伤也较小。悬浮生长细胞的传代培养要比贴壁细胞简单得多,通常有2种方法。

第一种是直接给带传代的培养瓶中补充一定量的新鲜培养基,然后将其进行分装。第二种是先通过离心弃掉营养匮乏的旧培养基,然后再用适量的新鲜培养基重悬细胞沉淀,最后将其分装至培养瓶中即可(注意:悬浮细胞传代后的延滞期一般比贴壁细胞短)。

1. 实验材料　装有悬浮细胞的培养容器,完全生长培养基,37 ℃细胞培养箱。

2. 实验流程

(1)直接传代法

1)待悬浮细胞长满至80% ~90%(细胞悬液变黄),即可传代。

2)用吸管吸弃细胞悬液1/2 ~2/3。

3)加入适量的新鲜培养基,继续培养。

(2)离心传代法

1)将细胞悬液转移到离心管内。

2)150×g 离心5 min,弃上清。

3)使用新鲜的培养基重悬细胞。

4)吸管吸取适量细胞悬液,装入新的培养瓶,再加入适量的新鲜培养基,继续培养。

三 注意事项

1. 如果使用胰蛋白酶消化细胞,则需要用血清或胰蛋白酶抑制剂来中和胰蛋白酶。

2. 严格按照预定时间进行细胞传代可确保细胞的生物学行为稳定,便于监测其健康状态。

3. 细胞偏离确定的生长模式通常表示细胞健康状况不佳(例如:变质、污染)或者培养体系的某一组分功能异常(例如:未达到最佳温度,培养基过于陈旧)。

4. 建议保留详细的细胞培养记录，记录处理及传代时间、所用培养基种类、解离方法、分种率、形态学观察结果、接种浓度、产量和抗生素用法。

5. 最好按照传代时间安排开展实验和其他非常规操作（如更换培养基种类）。如果实验安排与常规传代时间安排不吻合，则应确保当细胞仍处于延滞期或者已经达到汇合状态、停止生长时，不进行传代。

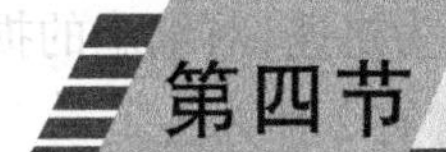

第四节 细胞冻存

细胞冻存是细胞培养实验的重要组成部分，可通过冻存细胞获得上一代细胞，或复苏更多的病毒。在准备冷冻时，一定要给每个冻存管贴上细胞类型的标签，使用永久性记号笔记录传代数和日期。

目前，细胞冻存最常用的技术是液氮冷冻保存法，主要采用加适量保护剂的缓慢冷冻法冻存细胞。细胞在不加任何保护剂的情况下直接冷冻，细胞内外的水分会很快形成冰晶，从而引起一系列不良反应。如细胞脱水使局部电解质浓度增高，pH 值改变，部分蛋白质由于上述原因而变性，引起细胞内部空间结构紊乱，溶酶体膜由此遭到损伤而释放出溶酶体酶，使细胞内结构成分造成破坏，线粒体肿胀，功能丢失，并造成能量代谢障碍。胞膜上的类脂蛋白复合体也易破坏引起细胞膜通透性的改变，使细胞内容物丢失。如果细胞内冰晶形成较多，随冷冻温度的降低，冰晶体积膨胀造成细胞核 DNA 空间构型发生不可逆的损伤，而致细胞死亡。

因此，细胞冷冻技术的关键是尽可能地减少细胞内水分，减少细胞内冰晶的形成。通常采用甘油或二甲基亚砜（DMSO）作保护剂，这两种物质分子量小，溶解度大，易穿透细胞，可以使冰点下降，提高细胞膜对水的通透性，且对细胞无明显毒性。慢速冷冻方法又可使细胞内的水分渗出细胞外，减少胞内形成冰结晶的机会，从而减少冰晶对细胞的损伤。

一 实验材料

超低温冰箱或液氮罐，0.25% 胰蛋白酶，含 10% ~20% 的血清培养液，DMSO（分析纯）或无色新鲜甘油（121 ℃高压蒸汽消毒），2 mL 专用细胞冻存管，吸管、离心管、喷灯、冻存管架。

二 实验步骤

悬浮细胞和贴壁细胞的冻存方法大部分都是一样的，只是在开始冻存前，需要将贴壁细胞从培养皿中取出。

1. 贴壁细胞的冻存

（1）选择处于对数生长期的细胞，在冻存前一天最好换液。将多个培养瓶中的细胞培养液去掉，用0.25% 胰蛋白酶消化。适时去掉胰蛋白酶，加入等量完全培养基终止消化。用吸管吸取培养液反复吹打瓶壁上的细胞，使其成为均匀分散的细胞悬液。然后将细胞收集于离心管中离心（1 000 r/min，5 min）。

（2）去上清液，加入含 20% 小牛血清的完全培养基，于 4 ℃ 预冷 15 min 后，加入 10% 的 DMSO，用吸管轻轻吹打使细胞均匀，细胞浓度为 3×10^6 ~ 1×10^7/mL。

（3）将上述细胞分装于冻存管中，将盖子盖紧，并标记好细胞名称和冻存日期，同时做好登记（日期、细胞种类及代次、冻存支数）。

（4）先将冻存管置入置于 4 ℃，30 min，再转入 −20 ℃，2 h 后，再放入 −80 ℃ 冰箱冷冻过夜，次日保存到液氮罐中。

注意：细胞冻存在液氮中可以长期保存，但为妥善起见，冻存半年后，最好取出一支冻存管的细胞复苏培养，观察生长情况，然后再继续冻存。

2. 悬浮细胞的冻存

（1）直接将细胞收集到离心管。

（2）1 000 r/min 离心 5 min，弃上清。

（3）以生长培养基（含 20% 胎牛血清）或 100% 胎牛血清重悬细胞至终浓度约 1×10^7/mL，加入 10% 的 DMSO。

（4）以每管 1 mL 分装至冻存管中。

（5）置于 4 ℃ 30 min，再转入 −20 ℃ 2 h 后，再放入 −80 ℃ 冰箱冷冻过夜，次日保存到液氮罐中。

三 液氮罐使用注意事项

1. 初次使用前检查容器内胆是否清洁干燥，外部有无凹陷及严重碰伤，如有轻微凹陷及碰伤，经试验其蒸发性能不变，仍可继续使用，如性能下降，应停止使用，避免经济损失。

2. 液氮容器应放在阴凉干燥处，应有良好的通风，不应放置在靠近热源，阳光直照，以及风口处，严禁放置液氮容器的房间紧闭门窗，以免室内因液氮蒸发使氧气含量下降，造成呼吸困难。

3. 只能用于充装液氮，冻存细胞和病毒用，严禁充装液氧等易燃易爆及腐蚀性液体，以免产生猛烈燃烧、爆炸或对容器产生腐蚀。

4. 液氮是超低温液体(-196 ℃)，在充装时，要穿长袖工作服、带皮手套，以避免液氮飞溅造成冻伤。

5. 储存容器不得作储运容器使用。若运输液氮，必须使用 B 型储运容器。因此类容器有特殊支撑结构，坚固可靠不易损坏。

6. 液氮容器在使用过程中，每天都应随时检查容器的使用情况，如发现容器瓶盖上和上部有水珠或结霜情况，说明容器质量出现问题，应立即停止使用。

7. 存入取出样品要标记，拿取东西要轻拿轻放。

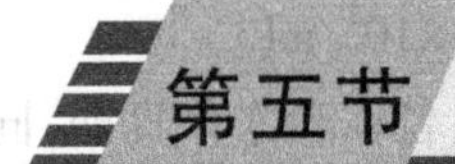

第五节 细胞计数

在细胞培养工作中，常需要了解细胞生活状态和鉴别细胞死活，确定细胞接种浓度和数量以及了解细胞存活率和增殖度，如用酶消化制备的细胞悬液中细胞活力的鉴别，冻存细胞复苏后的活力检测等。细胞悬液制备后，常用活体染料台盼蓝对细胞进行染色，进行细胞计数。台盼蓝不能透过活细胞正常完整的细胞膜，故活细胞不着色。而死亡细胞的细胞膜通透性增高，可使染料进入细胞内而使细胞着色(蓝色)。细胞计数一般用血细胞计数板，按白细胞计数方法进行计数，便于确定细胞的生活状况。

(一)实验材料

0.4% 台盼蓝溶液，无水乙醇或 95% 乙醇溶液，脱脂棉，相差显微镜，试管、吸管、毛细吸管，细胞计数板。

(二)实验步骤

(1)将动物细胞用 PBS 制备成适当浓度的细胞悬液备用。

(2)用无水乙醇或 95% 乙醇溶液擦拭计数板后，用绸布擦净，另擦净盖玻片 1 张，把盖片覆在计数板上面。

(3)用滴管吸取 0.4% 台盼蓝染液，按 1 : 1 比例加入细胞悬液中。从计数板边缘缓缓滴入，使之充满计数板和盖片之间的空隙中。注意不要使液体流到旁边的凹槽中或带有气泡，否则要重做。稍候片刻，将计数板放在低倍镜下(10×)观察计数。

(4)按图计算计数板的四角大方格(每个大方格又分 16 个小方格)内的细胞数。计数时，只计数完整的细胞，若聚成一团的细胞则按一个细胞进行计数。在一个大方格中，如果有细胞位于线上，一般计下线细胞不计上线细胞，计左线细胞不计右线细胞。二次重复计数误差不应超过±5%。镜下观察，凡折光性强而不着色者为活细胞，染上蓝色者为死细胞。

(5)计完数后，需换算出 1 mL 悬液中的细胞数。由于计数板中每一方格的面积为 0.01 cm^2，高为0.01 cm，这样它的体积为 0.000 1 cm^3，即 0.1 mm^3。由于 1 mL = 1 000 mm^3，所以每一大方格内细胞数×10 000 = 细胞数/mL，故可按下式计算：

细胞悬液细胞数/mL = 4 个大格细胞总数/4×10 000

(6)如计数前已稀释，可再乘稀释倍数。

(7)计数细胞后，计算细胞悬液浓度并求出存活与死亡细胞数的比例。

(三)注意事项

(1)向计数板中滴细胞悬液时要干净利落，加量要适当，过多易使盖片漂移，或淹过盖片则失败，须重做；过少易出现气泡；制片不理想时，应重做。

(2)镜下计数时，若方格中细胞分布明显不均，说明细胞悬液混合不均匀，须重新将细胞悬液进行混合，再重新计数。

(3)计数时，对于位于边线或交界处的细胞/细胞团，遵循“计上不计下，计左不计右”的规则。

(4)一个细胞团计作一个细胞。

第六节　无菌技术

细胞培养的最大危险是发生培养物的细菌、真菌和病毒等微生物的污染。常见原因：操作间或周围空间的不洁、培养器皿和培养液消毒不彻底、实验操作不规范等。由于有关培养的每个环节的失误均能导致培养失败，故细胞培养的每个环节都应严格遵守操作规范，防止发生污染。

一　消毒灭菌方法

1. 物理消毒灭菌法

(1)紫外线：用于空气，操作台表面和不能使用其他方法进行消毒的培养器皿消毒。消毒时间:至少 30 min。紫外线杀菌功能除了紫外线本身作用以外,还可以由产生的臭氧来完成。紫外线灭菌以后,最好 1 h 后再进去。

(2)过滤:滤膜孔径 0.22 μm(适用于液体)。

(3)高压蒸汽灭菌法:121 ℃,20 min。各种物品有效消毒压力和时间不同。

(4)干烤:160 ℃,2 h(适用于玻璃器皿等)。注意:消毒后不要立即打开箱门,以防止冷空气骤然进入引起玻璃炸裂,影响消毒效果。

2. 化学消毒灭菌法

(1)75%乙醇:主要用于操作者的皮肤,操作台表面及无菌室内的壁面处理。

(2)1‰~2‰新洁尔灭:主要用于器械的浸泡及皮肤和操作室壁面的擦拭消毒。

二 无菌操作

1. 当清理并将物品放入生物安全柜时,请将其放在正确的位置。

2. 手在进入安全柜时要向前运动,手臂尽量不要横扫,以免破坏气流。生物安全柜的工作表面不应过度拥挤,过度拥挤不仅增加了意外接触造成污染的风险,还中断了通过柜内的气流,不利于保持无菌区域。同样的原因,将前玻璃保持在较低位置也是很重要的。

3. 使用无菌培养基、试剂和用品是保持培养物不受污染的重要一步。

4. 移液枪、吸管在右边,可以很容易地用右手控制吸管。试剂在中后部,这样方便打开瓶子并从中吸取液体。以这种方式设置是非常重要的,这样手就不会从无菌物体上方交叉。请注意生物安全柜是如何设置的,使后续操作更容易。

5. 实验时,请确保移液枪的枪头不接触任何非无菌物品,将移液枪刻度一侧转向自己。

6. 只在生物安全柜中打开试剂和物品。在无菌区以外打开这些物品会导致污染。拿瓶盖的时候,不要碰到里面的边缘,这一点很重要。否则会导致污染。使用后尽快盖回盖子。如果你必须放下盖子才能腾出手来,将其内表面朝下放置。

7. 当使用移液枪时,尽量不要让枪头接触任何非无菌物品,特别是容器外部,这可能导致污染。每只枪头只应使用一次,如使用玻璃吸管,则应清洗。不同试剂或培养物重复使用同一个枪头会增加污染传播的概率。也不要使用无意中被污染的物品。当完成时,确保试剂瓶在移出安全柜前拧紧瓶盖,任何在无菌区域之外打开的东西,都不是无菌的,不应该用于细胞培养工作。

8. 任何液体飞溅或洒落应立即用乙醇清理。当细胞传代或更换培养基时,遵循相同的无菌技术。只可在无菌区打开容器,打开瓶子时不要交叉双臂或物品,不要匆忙,要有一个好的节奏和从容的动作。

9. 最后再次用乙醇擦拭工作表面,并在离开前整理好安全柜。

三 注意事项

1. 在实验室工作时,应穿戴基本的个人防护用品,穿合脚的鞋子和遮住腿的衣服,与您所在学院的安全团队讨论您所需要的个人防护用品。

2. 在使用任何介质或试剂之前,要记得查看化学品安全技术说明书信息。

3. 在处理细胞或进行培养工作之前洗手可以去除细菌和微小的死皮颗粒,死皮细胞可能是潜在的污染源,70%乙醇溶液可以杀死可能污染培养物的微生物。

4. 清洁是无菌技术的重要组成部分之一,使用前和使用后一定要清洗安全柜,不应在任何有火焰的地方喷洒酒精,因为有火灾危险。

5. 容器的外部携带灰尘和污染物,记得用乙醇清洗安全柜内的每一件物品,可以选择在物品放入安全柜前喷雾消毒,或放入安全柜后立即消毒。

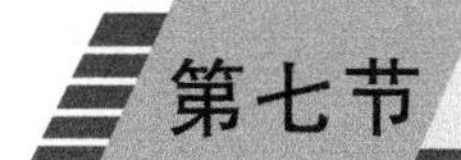

第七节　细胞免疫荧光检测

一 实验原理

细胞免疫化学与免疫组织化学实验都是依据抗原抗体反应和化学显色的原理,采用标记的特异性抗体对组织或细胞内抗原的分布进行原位检测技术。细胞免疫化学是将培养处理后的细胞进行爬片、固定、破膜、封闭后,加入一抗与抗原蛋白结合,再加入标记有荧光素的二抗与一抗进行反应,最后通过激光共聚焦扫描显微镜进行荧光拍摄来显示细胞中靶蛋白的表达变化和定位。

细胞免疫化学技术有多种染色方式,根据标记物的种类可分为免疫荧光法、免疫酶标法、免疫铁蛋白法及免疫胶体金法等。其中,免疫荧光法结合激光共聚焦扫描显微镜技术,大大提高了检测的分辨率,可以更为精确地检测抗原的细胞定位及分布。目前使用较为成熟的荧光素标记物包括异硫氰酸(FITC)、四甲基异硫氰酸罗丹明(TRTTC)、四乙级罗丹明(RB200)等。

免疫荧光技术是先将已知的抗原或抗体标记上荧光素,再用这种荧光抗体(或抗原)作为探针检查细胞或组织内相应抗原(抗体)。在细胞中形成的抗原抗体复合物上含有标记的荧光素,受激发光照射后,由低能态进入高能态,而高能态的电子是不稳定的,以辐射光量子的形式释放能量后,再回到原来的低能态的过程中可以发出明亮的荧光,利用荧光显微镜可看见荧光所在的细胞或组织,从而确定抗原或抗体的性质和定位,并可以利用定量技术测定含量。

激光共聚焦扫描显微镜(confocal laser scanning microscope,CLSM)是现在最先进的细胞生物医学分析仪器之一,采用激光作扫描光源,逐点、逐行、逐面快速扫描成像,扫描的激光与荧光收集共用一个物镜,物镜的焦点即扫描激光的聚焦点,也是瞬间成像的物点。从一个点光源发射的探测光通过透镜聚焦到被观测物体上,如果物体恰好在焦点上,那么反射光通过原透镜应当汇聚回到光源,这就是所谓的共聚焦。由于激光束的波长较短,光束很细,所以共聚焦激光扫描显微镜有较高的分辨力,大约是普通光学显微镜的3倍。系统经一次调焦,扫描限制在样品的一个平面内。调焦深度不一样时,就可以获得样品不同深度层次的图像,这些图像信息都储于计算机内,通过计算机分析和模拟,就能显示细胞样品的立体结构。

总之,细胞免疫荧光可以在定性定量的同时对两种或多种目的蛋白进行精确定位,并可对活细胞进行染色而用于流式细胞术方面的研究,因此已在免疫学、微生物学、病理学、肿瘤学以及临床检验等诸多领域中得以广泛应用。

二 技术应用

检测靶蛋白如内分泌激素、蛋白质、多肽、核酸、神经递质、受体、细胞因子、细胞表面抗原、肿瘤标志物。

三 实验材料

1. 实验材料　细胞样品。

2. 仪器和耗材　激光共聚焦扫描显微镜,玻片。

四 实验步骤

1. 玻片处理　泡酸,清洗,晾干,高压蒸汽灭菌,烘干。

2. 细胞准备　对单层生长细胞,在传代培养时,将细胞接种到预先放置有处理过的盖玻片的培养皿中,待细胞接近长成单层后取出盖玻片,PBS洗两次;对悬浮生长细胞，取对数生长细胞，用 PBS 离心洗涤(1 000 r/min,5 min)2 次，用细胞离心甩片机制备细胞片或直接制备细胞涂片。细胞爬片，孵育箱过夜。接种器皿:6 孔板；接种密度：单层细胞密度为70% ~80%；接种体积:2 mL。

3. 固定　根据需要选择适当的固定剂(如4%甲醛溶液等)固定细胞。固定完毕后的细胞可置于含叠氮钠的 PBS 中4 ℃保存3 个月。PBS 洗涤3 ~5 次。

4. 通透　使用交联剂固定后的细胞，一般需要在加入抗体孵育前，对细胞进行通透(如0.2% ~0.5%的通透剂 Triton X-100)处理，以保证抗体能够到达抗原部位。选择通透剂应充分考虑抗原蛋白的性质。通透的时间一般在5 ~15 min。通透后用 PBS 洗涤3 ~5 min。

5. 封闭　使用封闭液对细胞进行封闭，3% ~5% BSA-PBS 或与二抗种属一致的血清(羊血清最好)，时间一般为30 min。

6. 一抗结合　4 ℃孵育过夜(优选)或37 ℃孵育1 ~2 h。PBST 漂洗3 次，每次冲洗5 min。

7. 二抗结合　间接免疫荧光需要使用二抗。室温避光孵育1 h。PBST 漂洗3 次，每次冲洗5 min 后，再用蒸馏水漂洗1 次。

8. 核复染　DAPI 染色5 min(定位细胞)。

9. 封片及检测　滴加封片剂1 滴，细胞面朝下，避免气泡，封片。激光共聚焦扫描显微镜检查。

五 注意事项

1. 合适的细胞密度　细胞密度是试验成功的第一步，细胞密度太大，会造成细胞过于拥挤而边界不清晰，不仅细胞形态不佳且易导致染色背景深。细胞过少时不仅容易贴壁不好，观察时不好找细胞，而且由于细胞过少可能活性不佳从而易发生非特异性荧光染色。不管是用6 孔板还是共聚焦皿，细胞密度以达到75% ~85%最佳。

2. 细胞固定和通透　固定剂的选择依赖于抗原的亚细胞定位(膜蛋白，可溶性表达，细胞骨架相关蛋白等)。3.7% ~4%的甲醛或多聚甲醛是最常用的固定剂，适用于绝大多数蛋白。如果是研究膜蛋白的话，最好用3.7% ~4%的甲醛。而研究细胞骨架成分可用甲醇固定法。固定后一般需要通透步骤，通透即是在膜上打孔，让抗体更易进入细胞与抗原结合。选择通透剂应充分考虑抗原蛋白的性质。通透剂一般可以用0.1% ~0.2%的 Triton X-100，而选择甲醇固定一般无须再通透，甲醇本身就有通透的作用。

3. 封闭条件的优化选择　为了防止内源性非特异性蛋白抗原的结合，需要在一抗孵育前用封闭液封闭，这样可以减少非特异性的背景着色。封闭液可以选择与二抗来源一致的血清，一般来说，血清价格比较昂贵，可以用1% ~5%的牛血清白蛋白(BSA)

替代，BSA 可以说是万能的封闭血清。另外封闭时间不宜过长，30～60 min 即可，且封闭后不用洗涤，直接加一抗孵育即可。

4. 一抗、二抗的选择　封闭过后需要一抗孵育，可以选择 4 ℃过夜孵育或者室温 3 h，以笔者的经验是 4 ℃过夜孵育比较好，抗原抗体结合比较充分。一抗、二抗的稀释比例可以根据抗体说明书来选择，再根据自己具体的实验要求进行优化。如果抗体浓度过低，会造成信号太弱，如果抗体浓度过高可能会造成背景染色太强。二抗标记的荧光颜色的选择非常重要，要求在实验前根据现有材料和仪器的局限性设计好实验方案，一般我们进行 3 种颜色的标记工作。目前细胞核染料常用 PI（红色）或 DAPI（蓝色），如果细胞中还表达 EGFP（绿色），则需要选用其他颜色的荧光素来标记目的蛋白，不得已的情况下采用颜色相近的荧光素，后期也要用光谱拆分技术对图片进行处理（需专业人员进行，不建议采用相近颜色）。荧光二抗笔者个人认为 Alex flour 荧光基团信号强于 Dylight 和 FITC。如果做免疫双标，一抗要来自不同种属，荧光二抗的光谱也要分开。

5. 洗涤步骤　免疫荧光过程中，有很多洗涤步骤，用 PBS 即可。在洗涤过程中，一要注意动作轻柔，固定后的细胞比较脆弱，如果太过大力，很容易把细胞吹洗掉；二是洗涤时间要把握好，每次洗涤5 min左右；三是切忌不要干片，即吸掉溶液后不要把细胞干着，容易造成背景着色。

第八节　siRNA 的细胞转染及筛选

一　实验原理

继植物中发现基因沉默现象后，动物细胞中的双链 RNA 诱导的基因沉默现象也被阐明，并于 2006 年获得诺贝尔生理学或医学奖的肯定，足以说明 RNA 干扰（RNAi）技术在医学领域即将发挥的开创性作用。siRNA（small interfering RNA）是 21～25 核苷酸的小分子 RNA，由 Dicer 酶加工双链 RNA 而成。siRNA 与体内多种酶类结合形成 RNA 诱导的沉默复合物（RISC），从而激发与之互补的目标 mRNA 的降解。天然的 RNA 干扰现象存在于包括人类在内的动植物体内，在调节基因表达和预防病毒感染方面起到重要作用。

RNA 干扰现象是由与靶基因序列同源的双链 RNA 引发的,广泛存在于生物体内的序列特异性基因转录后的沉默过程。胞质中的核酸内切酶 Dicer 将 dsRNA 裂解成由 21~25 个核苷酸组成的 siRNA,随后 siRNA 与体内蛋白结合形成 RNA 诱导的沉默复合物,其与外源性基因表达的 mRNA 的同源区进行特异性结合,在结合部位切割 mRNA,被切割后的断裂 mRNA 随即降解,从而阻断相应基因表达的转录后基因沉默机制。

用 RNAi 特异性地抑制如艾滋病病毒基因、肝炎病毒基因、癌基因等相关基因的过度表达,使这类基因保持在静默或休眠状态,这种技术已经成为研究基因功能的重要工具,并将在病毒病、遗传性疾病和肿瘤病的治疗方面发挥重要作用。

二 技术应用

1. 基因功能的体内外研究。
2. RNAi 类药物研发。

三 实验材料

待转染的细胞,培养基,胎牛血清,转染试剂,siRNA,血细胞计数板,枪头,去核酸酶的 EP 管,试管架,荧光显微镜。

四 实验步骤

1. 细胞准备

(1)转染前 1 天,取出处于对数生长期的细胞,吸掉原来的培养液,用无菌 PBS 清洗细胞。加入1 mL胰酶消化液消化细胞,显微镜下观察所有细胞完全皱缩变圆后加入终止液终止消化。收集细胞悬液于 15 mL 离心管中,800 r/min 室温离心 5 min。用罗氏 CASY 快速细胞计数及活率分析仪进行细胞计数。弃去上清,加入无抗生素培养基重悬细胞。以(1~4)×10^5细胞/孔的密度接种到 6 孔培养板上,无抗生素培养基培养 1 d。

(2)细胞转染前需用高质量血清进行培养,使细胞健康,否则将造成细胞营养不良,细胞呈现瘦削拉长状态,也会影响转染效率。

(3)转染前 3 h,取出无抗生素培养的细胞置于倒置显微镜下观察。若融合率达 50%~70%,即可进行转染实验。

2. 耗材及试剂准备　实验开始前将枪头、去核酸酶的 EP 管、试管架等放入无菌操作台，以紫外线照射 30 min。转染前温育 Opti－MEN I reduced serum medium，将 X-tremeGENE siRNA 转染试剂、siRNA 置于 15～25 ℃室温条件下平衡。取出转染试剂，对 EP 管做好标记。

3. 细胞转染

(1) 在每个 EP 管中分别加入 100 μL Opti－MEN I，然后稀释 siRNA 和 X-tremeGENE siRNA 转染试剂。

(2) 转染试剂配制：

1) 按 2 μg siRNA∶100 μL Opti-MEN I 比例稀释 siRNA，将 2 μg siRNA 加入到装有 100 μL Opti-MEN I 的 EP 管中。枪头上下轻柔吹打 3 次，室温静置 5 min。注意：siRNA 须经过纯化，浓度介于 0.2～2 μg/μL，且进行纯度测定，OD 260/280 达 1.9，为了更好验证转染效率，可同时进行内参基因 GAPDH 的 siRNA 和非特异性阴性对照序列 siRNA 的转染。

2) 按 10 μL 转染试剂:100 μL Opti-MEN I 比例稀释 X-tremeGENE siRNA 转染试剂。注意：须将 10 μL 转染试剂轻轻加入 Opti-MEN I 培养基中，勿直接接触管壁。枪头上下轻柔吹打 3 次。室温静置 5 min。将稀释好的转染试剂缓慢加入到相应配好的 siRNA 中，配备成 X-tremeGENE siRNA 转染试剂-siRNA 质粒复合物。

3) 在 15～25 ℃条件下，静置 X-tremeGENE siRNA 转染试剂-siRNA 质粒复合物 EP 管。针对不同细胞类型，静置时间可控制在 15～20 min，但不可超过 20 min。

4) 从培养箱中取出细胞，做好相关标记，将静置的 X-tremeGENE siRNA 转染试剂- siRNA 质粒复合物均匀滴入待转染细胞孔。轻轻摇动培养皿，使转染复合物与细胞充分接触。将培养板放于 37 ℃、体积分数为 5% 的 CO_2 饱和湿度培养箱中培养。

4. 转染后观察　转染后 24～72 h，可取出观察细胞状态，以及做其他检测实验。为了检测转染效率，可以采用 GFP 标记的 siRNA，转染后 18～24 h 可放置于倒置荧光显微镜下观察 GFP 荧光标记率，即可计算转染效率。并采用阳性对照 GAPDH 和非特异性阴性对照的 siRNA 进一步鉴定干扰效果。

五　实验结果分析及注意事项

1. 选择合适的转染试剂及复合物配比浓度　针对 siRNA 制备方法以及靶细胞类型的不同，选择合适的转染试剂和复合物最佳配比对 siRNA 实验的成功至关重要。本实验采用罗氏的 X-tremeGENE siRNA 转染试剂能够获得稳定高质量的转染效率。

2. 纯化 siRNA　未使用高纯度的 siRNA，对细胞损伤很大。转染过程中会造成细胞死亡。

3. 避免 RNA 酶污染　微量的 RNA 酶将导致 siRNA 转染实验失败，因此，选择高质量的去核酸酶的EP管和枪头来储存和吸取siRNA,对于保证实验每个步骤不受RNA酶污染非常重要。

4. 健康的细胞培养物　通常健康细胞的转染效率较高,此外,较低的传代数能确保每次实验所用细胞的稳定性。

5. 避免使用抗生素　转染培养基中含有抗生素会影响细胞转染效率。因为转染试剂相当于在细胞上打孔,这时培养基中存在抗生素则会进一步损伤细胞。

6. 避免培养细胞用无血清的培养基　使用罗氏X-tremeGENE siRNA转染试剂时,转染细胞可以进行无血清培养,但是可能会产生比有血清培养时更高的细胞毒性。因此,在本转染实验中,细胞培养时无须去除血清,无须在转染前和转染后换液。

六　常见实验问题及解决办法

1. 荧光标记的阴性对照siRNA无可见荧光?

原因可能是转染效率不高。常见解决办法:保证细胞状态良好;选择合适的转染试剂,调整转染试剂siRNA的比例;避免培养基中含有抗生素;适当延长观察时间。

2. siRNA转染实验阳性对照和靶基因均无干扰效果?

原因可能是转染体系有问题。常见解决办法:提高转染效率,模式siRNA的使用浓度,注意实验操作中防止RNA被污染。

3. 阳性对照有效而靶基因的siRNA转染无干扰效果?

原因可能是干扰靶点无效。常见解决办法:设计多对siRNA片段进行尝试,选择干扰效率最高的靶点。

4. 同一对siRNA在不同细胞中干扰效果不同?

原因可能有三种:①不同细胞特性不同。转染效率相近,不同细胞核酸酶的活性高低也会影响siRNA的代谢速度,导致沉默效果出现差异。②本底表达丰度不同。本底表达丰度很高或很低对干扰效果都有影响。③转染效率不同,优化转染方式,提高转染效率。

第九节 细胞稳转株构建

一 实验原理

稳转株即稳定表达细胞株,指的是经合适的药物浓度进行药物筛选之后,得到的外源 DNA 稳定整合到宿主染色体上,并且可以长时间持续过表达或干扰某特定基因的细胞系。稳定表达细胞株弥补了瞬时感染(或转染)实验中外源基因表达时间短的缺陷,便于长期观察。用转染质粒或病毒侵染的方法将构建好的含靶基因的载体导入细胞,根据不同的基因载体中所含的抗性标志选用相应的药物进行筛选混合阳性克隆。若实验需构建稳转细胞株,我们建议通过慢病毒感染细胞进行药物筛选的方法,此方法较质粒转染可以更加有效地将外源基因整合入基因组,且整合位点处于转录相对活跃的区域,从而获得更加高效表达外源基因的稳转株细胞。

针对瞬时转染,外源基因在短时间转录翻译得到的蛋白量很少,能够满足小量蛋白的制备,大量生产成本很高。慢病毒感染-药物筛选法是目前广泛运用的稳转株构建方法,具有高效整合,目标细胞广泛等特点。最常用的真核表达载体抗性筛选标志物有新霉素(neomycin)、潮霉素(hygromycin)和嘌呤霉素(puromycin)。常用遗传霉素(G418)来代替新霉素进行选择性筛选,筛选得到可稳定表达目的蛋白,或者稳定表达沉默特定基因的细胞株。

二 准备及预实验

1. 确定目标细胞系的相关信息　细胞的培养条件,细胞的增殖速度,支原体污染情况。

2. 预实验确定 MOI 值　①查阅文献确定慢病毒在目标细胞系中的 MOI 值;②参考查阅得到的数据,设计梯度实验,摸索最适 MOI 值。

3. 预实验确定筛选药物用量　①查阅 puro/G418/潮霉素等在目标细胞系中稳转株筛选的致死用量信息。②参考查阅得到的数据,确定 3 个药物浓度梯度(如没有相关信息，则需将药物浓度梯度范围增多至6个)。③第1天将细胞铺于6孔板中，使细胞到第2天的融合度约为90%。④第2天按设置的药物浓度加入药物。⑤第4天换液，并重新加入药物。⑥第7天观察，找到细胞致死率100%时药物浓度最低的孔，该孔使用的药物浓度为药物筛选浓度。

三 稳转株筛选及构建

(一)脂质体转染筛选稳转株

(1)将复苏后常规的细胞按照$(1\sim3)\times10^5$个/孔接种到6孔板中，加入2~4 mL的完全培养基，放置在二氧化碳培养箱中37 ℃过夜，使次日细胞融合度约70%。

(2)第2天进行转染，在无菌条件下配置如下溶液：①用250 mL的无血清培养基稀释4 μg的待转染的质粒。②用250 μL的无血清培养基稀释6 μL的lipo转染试剂。各自孵育5 min(血清的存在会影响转染效率，因此要使用无血清培养基转染)。

(3)将①②溶液混合，室温下孵育20 min。

(4)在进行(2)(3)之前或过程中，细胞培养至80%单层左右，用PBS洗涤细胞1~2次，每孔加入1.5 mL的无血清培养基，并将混合后的溶液逐滴加入到每孔中，按十字方向轻摇混匀，CO_2培养箱中培养4~6 h。

(5)将转染液倒出，换为完全培养基继续培养。

(6)48 h后加入选择性抗生素进行稳转株筛选，预实验确定抗生素的杀伤浓度。

(二)病毒感染筛选稳转株

1.细胞铺板 将细胞接种于6孔板中，使细胞在第2天的密度达到70%左右。

2.病毒感染 根据预实验确定的MOI值，计算慢病毒体积，添加慢病毒。

3.换液 慢病毒感染次日，将细胞进行换液处理。(根据实际情况进行换液，对于一些耐受力弱的细胞，就要及时进行换液；一些耐受力强的细胞，则可以感染48~72 h再进行换液。)

4.观察感染效率 感染后72 h，观察感染效率，效率最低不应低于40%。

5.筛选

(1)嘌呤霉素筛选：嘌呤霉素最佳的作用时间是3~10 d之间，嘌呤霉素常用浓度范围为1~10 μg/mL。通过预实验确定了最佳筛选浓度后，就可以做病毒感染了。

1)感染：感染培养72 h(感染时间根据细胞的具体情况及感染效率而定)后在6孔板中加入之前预实验确定的药物浓度。

2)加puro：在6孔板中加入之前预实验确定的puro药物浓度。

3)换液：根据培养基的颜色和细胞生长情况，每3~5 d更换1次筛选培养基。当有大量细胞死亡时，可以把puro浓度减半维持筛选。

4)观察:每天观察细胞的状态,生长情况以及基因表达的水平及所占比例,直至显微镜下观察荧光细胞比例为90%以上。

(2)G418筛选:由于每种细胞对G418的敏感性不同,浓度一般在100 ~ 1 000 μg/mL。通过预实验确定了最佳筛选浓度后,就可以做病毒感染了。

1)感染:感染培养48 h或者更长,到细胞增长接近汇合时按1∶4密度传代,继续培养,待细胞密度增至50% ~70%汇合度。

2)加G418:去掉培养液,PBS洗1次,加入按最佳筛选浓度配制好的G418筛选培养基。

3)换液:根据培养基的颜色和细胞生长情况,每3 ~5 d更换1次筛选培养基。当有大量细胞死亡时,可以把G418浓度减半维持筛选。

4)观察:每天观察细胞的生长情况及荧光的所占比例,直至显微镜下观察荧光细胞比例为90%以上。

(3)潮霉素筛选:潮霉素用来筛选稳转株的工作浓度需要根据细胞类型、培养基类型,生长条件和细胞代谢率而变化。推荐使用浓度为50 ~1 000 μg/mL。一般而言,哺乳动物细胞需50 ~ 500 μg/mL,细菌/植物细胞20 ~ 200 μg/mL,真菌300 ~ 1 000 μg/mL。对于第1次使用的实验体系建议通过建立杀灭曲线即剂量反应性曲线,来确定最佳筛选浓度。

并非所有的病毒载体都适合用来进行稳定株筛选,首先需要挑选整合效率高,整合位点稳定的病毒载体。至今为止,逆转录病毒载体是最有效的可以介导基因整合的病毒载体。其次,依据具体实验要求,挑选不同整合位点倾向性的逆转录病毒载体。倾向整合于转录起始位点附近的,容易造成下游基因的激活;而整合于转录活跃基因内的,容易导致整合区基因的插入失活。

四 细胞转染效率的检测

1. 实时荧光定量PCR检测 实时荧光定量PCR(quantitative real-time PCR)是一种在DNA扩增反应中,以荧光化学物质检测每次PCR循环后产物总量的方法。是通过内参或者外参法对待测样品中的特定DNA序列进行定量分析的方法。Real-time PCR是在PCR扩增过程中,通过荧光信号,对PCR进程进行实时检测。由于在PCR扩增的指数时期,模板的Ct值和该模板的起始拷贝数存在线性关系,所以成为定量的依据。但是,荧光定量PCR所检测的是转染后细胞中待测基因的mRNA的表达水平,对于目的基因的蛋白表达水平不能够检测。

2. Wester blot检测 Western blot又称蛋白质免疫印迹(免疫印迹实验),其基本原理是通过特异性抗体对凝胶电泳处理过的细胞或者生物组织样品进行着色,并通过分析着色的位置和着色的深度获得特定蛋白在所分析的细胞或者组织中表达情况的信息。Western Blot 所检测的是组织或者细胞中蛋白质的表达水平。

3. 流式细胞术　流式细胞术(flow cytometry,FCM)是一种在功能水平上对细胞或者其他生物粒子进行定量和分析的检测手段,它可以高速分析上万个细胞,并能同时从一个细胞中检测得到多个参数,与传统检测方法相比具有更加快速、准确以及可定量等特点。使用流式细胞术检测转染效率可以更加精确地确定转染的效率,对转染效率进行量化。

4. 荧光显微镜观察　当转染的质粒 DNA 含有荧光蛋白基因时,可以通过荧光显微镜观察的方法来确定转染的效率,在荧光显微镜下,可以观察到荧光的强弱以及荧光的效率。

五 常见问题

1. 支原体污染问题　由于轻度的支原体污染并不影响细胞的生长和增殖,故被许多实验室所忽略。但支原体易在病毒感染细胞后爆发,出现大量细胞碎片,甚至导致细胞死亡,使稳转株筛选失败。我们建议在稳转株构建之初,务必排除细胞及培养环境中的支原体污染。

2. 其他问题　除支原体污染之外,还有以下问题会经常出现于稳转株构建中。

(1)检测不到目的基因。可能原因是慢病毒制备不当。慢病毒应分装于-80 ℃储存,不可反复冻融 3 次。

(2)目的基因表达水平低。可能原因是没有使用助感染试剂或者宿主细胞为非分裂细胞等造成感染效率低。所以实验过程中应使用助感染试剂或者提高 MOI 值。

(3)感染后毒性大导致细胞死亡。可能原因是感染时病毒用量过大,目的基因对细胞有毒性,或者抗性筛选药物使用过量等。实验中应使用纯化的病毒,制备抗生素死亡曲线,选择合适抗生素浓度,感染后换液应及时,特殊情况下可以尝试换细胞系。

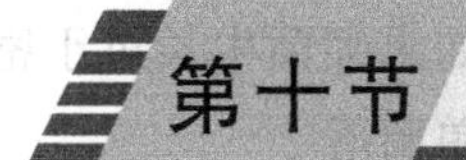

第十节 质粒扩增

质粒扩增,是大量获取质粒的一种化学生物学方法,通常包括将细菌质粒转化到大肠杆菌中,然后从大肠杆菌中收获大量质粒的过程。质粒的用途往往是用于转染细胞,通过转染的方式让细胞表达质粒中携带的基因,从而研究该基因对应蛋白质的性能。在基础细胞生物学研究中起着非常重要的作用。

一 在LB琼脂平板上划线和分离细菌

1. 设备 无菌牙签或线圈，酒精灯，恒温箱。

2. 试剂 LB琼脂平板（含适当的抗生素），细菌刺。

3. 实验步骤

（1）获得含有适当抗生素的LB琼脂平板。

（2）用质粒名称和日期标记板底部。添加抗生素抗性和首字母也是一个好主意。在实验室环境中对组织进行标记非常重要，建议为所有对象/解决方案保留标准标签系统。

（3）用70%乙醇喷洒实验室工作台消毒，然后用纸巾擦拭。在火焰或本生灯附近工作来保持无菌。

（4）获得适当的细菌刺或甘油原液。

（5）使用无菌环，移液管尖或牙签，触摸刺穿培养物的刺穿区域或甘油原液顶部生长的细菌。如果使用电线环，可以将其通过火焰进行消毒，须确保有足够的时间让环冷却后再接触细菌。

（6）轻轻地将细菌散布在板的一部分上，以产生条纹。像拿铅笔的方式一样握住牙签，这样就可以做出宽阔的笔触。只触摸板的表面，不要挖入琼脂。

（7）使用新鲜的无菌牙签或新鲜消毒的环，拖过条纹并将细菌铺在板的第二部分上，以产生第2个条纹。

（8）同样方法，产生第3个条纹。

（9）将培养板与新接种的细菌一起孵育过夜（12～18 h），温度为37 ℃（某些质粒或细菌需要在30 ℃而不是37 ℃下生长。这对于大的不稳定质粒通常是正确的，其有时在37 ℃下重组。在培养之前一定要检查一下）。

（10）次日应该可以看到单个菌落。单个菌落看起来像在固体培养基上生长的白点。这个点由单个细菌产生的数百万个遗传相同的细菌组成。如果细菌生长过于密集并且没有看到单个菌落，则重新划线到新的琼脂平板上以获得单菌落。

（11）一旦有单菌落，就可以继续恢复质粒DNA或使用单个菌落进行其他实验。

二 接种液体细菌培养物

1. 准备液体LB：例如，要制作400 mL LB，请将以下物质称入500 mL玻璃瓶中：4 g

NaCl,4 g 胰蛋白胨,2 g 酵母提取物,然后加入 dH_2O 定容至 400 mL。松开瓶子上的盖子并用铝箔松散地盖住瓶子的整个顶部。高压灭菌并冷却至室温。然后拧上瓶子的顶部并将液体 LB 存放在室温下。

2. 准备培养培养物时,将液体 LB 加入试管或烧瓶中,加入适当浓度的抗生素(例如:氨苄西林100 μg/ mL)。

3. 使用无菌移液器吸头或牙签,从 LB 琼脂平板上选择一个菌落。

4. 将尖端或牙签放入液体 LB + 抗生素中并旋转。

5. 用无菌铝箔或不透气的盖子松散地覆盖培养物。

6. 将细菌培养物在 37 ℃下在振荡培养箱中孵育 12 ~ 18 h(某些质粒或菌株需要在 30 ℃下生长。如果是这样,可能需要等较长时间生长才能获得正确的细菌密度,因为它们在较低温度下生长得更慢)。

7. 孵育后,检查生长情况,其特征在于培养基中的混浊雾度(良好的阴性对照是 LB 培养基 + 抗生素,没有任何细菌接种。过夜孵化后,应该看到这种培养物没有生长)。

三 从细菌培养中回收质粒 DNA

准备无内毒素质粒小提中量试剂盒(离心柱型)。

1. 柱平衡步骤:向吸附柱 CP4 中(吸附柱放入收集管中)加入 500 μL 的平衡液 BL,12 000 r/min 离心 1 min,倒掉收集管中的废液,将吸附柱重新放回收集管中(请使用当天处理过的吸附柱)。

2. 取 5 ~15 mL 过夜培养的菌液加入离心管中,12 000 r/min 离心 1 min,尽量吸除上清。菌液较多时可以通过几次离心将菌体沉淀收集到一个离心管中,菌体量以能够充分裂解为佳,过多的菌体裂解不充分会降低质粒的提取效率。

3. 向留有菌体沉淀的离心管中加入 500 μL 溶液 P1(请先检查是否已加入 RNaseA),使用移液器或涡旋振荡器彻底悬浮细菌细胞沉淀。请务必彻底悬浮细菌沉淀,如果有未彻底混匀的菌块,会影响裂解,导致提取量和纯度偏低。

4. 向离心管中加入 500 μL 溶液 P2,温和地上下翻转 6 ~8 次使菌体充分裂解。不要剧烈振荡,以免污染基因组 DNA。此时菌液应变得清亮黏稠,所用时间不应超过 5 min,以免质粒受到破坏。如果未变得清亮,可能由于菌体过多,裂解不彻底,应减少菌体量。

5. 向离心管中加入 500 μL 溶液 P4,立即温和地上下翻转 6 ~8 次,充分混匀,此时会出现白色絮状沉淀,然后室温放置 10 min 左右,12 000 r/min 离心 10 min,此时在离心管底部形成沉淀(P4 加入后应立即混合,避免产生局部沉淀。如果上清中还有微小白色沉淀,可再次离心后取上清)。

6. 将上一步收集的上清液分次加入过滤柱 CS(过滤柱放入收集管中),12 000 r/min离心 2 min,滤液收集在干净的 2 mL 离心管中(自备)。

7. 向滤液中加入 0.3 倍滤液体积的异丙醇(加入异丙醇过多容易导致 RNA 污染),上下颠倒混匀后转移到吸附柱 CP4 中(吸附柱放入收集管中)。过滤后滤液会损失,根据损失的不同请加入不同体积的异丙醇。吸附柱 CP4 的最大容积为 700 μL,所以需要分次过柱。

8. 室温下 12 000 r/min 离心 1 min,倒掉收集管中的废液,将吸附柱重新放回收集管中(将步骤 7 中所得溶液分次过柱,每次均按以上条件操作)。

9. 向吸附柱 CP4 中加入 500 μL 去蛋白液 PD,12 000 r/min 离心 1 min,倒掉收集管中的废液,将吸附柱 CP4 放入收集管中。

10. 向吸附柱 CP4 中加入 600 μL 漂洗液 PW(请先检查是否已加入无水乙醇),12 000 r/min离心 1 min,倒掉收集管中的废液,将吸附柱 CP4 放入收集管中(加入漂洗液 PW 后,如果室温静置 2 ~ 5 min,有助于更好地去除杂质)。

11. 向吸附柱 CP4 中加入 600 μL 漂洗液 PW,12 000 r/min 离心 1 min,倒掉收集管中的废液。

12. 将吸附柱 CP4 重新放回收集管中,12 000 r/min 离心 2 min,目的是将吸附柱中残余的漂洗液去除。漂洗液中乙醇的残留会影响后续的酶反应(酶切、PCR 等)实验。为确保下游实验不受残留乙醇的影响,建议将吸附柱 CP4 开盖,置于室温放置数分钟,以彻底晾干吸附材料中残余的漂洗液。

13. 将吸附柱 CP4 置于一个干净的离心管中,向吸附膜的中间部位悬空滴加 100 ~ 300 μL 洗脱缓冲液 TB,室温放置 2 min,12 000 r/min 离心 1 min 将质粒溶液收集到离心管中(为了增加质粒的回收效率,可将得到的溶液重新加入离心吸附柱中,重复步骤 13)。洗脱液的 pH 值对于洗脱效率有很大影响。若用水做洗脱液,应保证其 pH 值在 7.0 ~ 8.5,pH 值低于 7.0 会降低洗脱效率。洗脱缓冲液体积不应少于100 μL,体积过小影响回收效率。且 DNA 产物应保存在-20 ℃,以防 DNA 降解。

14. 提取的质粒进行测序,剩余菌液加入甘油,-80 ℃条件下长期保存。

质粒重要特征(例如基因插入,融合蛋白,点突变,缺失等)的序列验证涉及独特的寡核苷酸引物,其位于质粒区域的侧翼,这些引物通常与骨架退火,可以帮助我们验证插入物的末端。通过单击质粒信息页面上的"查看序列"链接找到质粒产品的测序结果。对质粒中对实验重要的某些部分进行测序。通过样品测序结果与目的的序列比对结果分析,从菌液里提取的质粒是我们需要的质粒,并且其序列中包含目的序列。

四 细菌甘油储备用于长期储存质粒

1. 细菌生长后,将 500 μL 过夜培养物加入到 2 mL 螺旋管或冷冻管中的 500 μL

50%甘油中，轻轻混匀。（通过在 dH_2O 中稀释100%甘油制备50%甘油溶液。）

2. 在-80 ℃下冷冻甘油储备管（只要它保持在-80 ℃，可以稳定多年。不过随后的冷冻和解冻循环会缩短保质期）。

3. 要从甘油原液中回收细菌时，打开试管并使用无菌环，牙签或移液管尖端从顶部刮掉一些冷冻细菌。

4. 将细菌划线到LB琼脂平板上。

5. 在适当的温度下培养过夜的细菌。

第十一节　感受态细胞的制备

感受态细胞（compenent cells）的制备是分子克隆实验中的一项基本的操作，将构建好的载体转入感受态细胞进行表达，不仅可以检验重组载体是否构建成功，最主要的是感受态细胞作为重组载体的宿主可以进行后续实验，如蛋白质表达纯化等工作。其制备程度的好坏直接影响到后续研究工作的进行。

一　酵母感受态细胞

酵母，如酿酒酵母、裂殖酵母和毕赤酵母，通常用于生物学实验研究。酵母是易于培养的单细胞真核生物，他们的基因和蛋白质与哺乳动物具有很高的相似性，所以是优秀的生物模型。

酵母细胞用于研究基因功能，蛋白质相互作用，细胞通路等，也是大规模异源蛋白表达和小分子生产的卓越宿主，在发酵，酿造和制药等行业起着中流砥柱的作用。涉及酵母的常见的实验有酵母双/三杂交系统，突变体筛选库和同源重组，等等。

通常，在实验过程中需将外源DNA引入到酵母细胞。引入基因片段（线性ssDNA或质粒）是通过酵母细胞的转化来实现的，具体方法有化学法［如醋酸锂和聚乙二醇（PEG）］或电穿孔法。有效的酵母转化需要以高质量的酵母感受态细胞为开始。胜任力则是指细胞能吸收游离的细胞外的遗传物质（如质粒DNA）的能力。

（一）酵母感受态细胞的制备

获得感受态细胞相当简单，但许多研究人员在实现良好的生存比例和转换效率时常遇到问题。常见的误区包括由于制备条件恶劣导致高的细胞死亡率,或由于无效的感受态细胞制备导致转化效率低。

虽然酵母细胞和大肠杆菌一样容易生长和转化,但它们需要不同的处理方法来制备感受态细胞和转化。酵母细胞像哺乳动物细胞一样,有类似的处理程序。

(1)过夜培养想转化的酵母菌菌株,使用营养丰富的培养基培养不含质粒的细胞。对于已经含有质粒的细胞,使用适当的选择性培养基来维持质粒。

(2)当细胞密度达到$(1\sim2)\times10^7$个/mL,离心收获细胞。细胞密度可以通过使用分光光度计在 OD 600 检测,或者使用血细胞计数板在显微镜下计数细胞。

(3)冲洗细胞,重悬于无菌水,离心,弃上清,重复此步骤 2 次以彻底清洗细胞。

(4)最后 1 次洗完,将细胞重悬于感受态细胞溶液,分装,大约每管 10^8 个细胞,每个转化反应将使用这些数量的细胞。分装好的管子放于-80 ℃,供以后实验使用。

(5)在所有步骤中,使用质量好的无菌过滤器消毒过的试剂,以防止污染问题。

(6)感受态细胞溶液包含最佳浓度的冷冻保护剂,这些浓度应该根据使用的酵母菌株和细胞的浓度在实验室标准化。标准协议使用 5% 甘油 + 10% DMSO 溶液混合,这种配方被广泛应用来制备感受态细胞,也可根据具体情况进行轻微的改变或调整。

(二)关于冷冻保护剂

甘油和二甲亚砜(DMSO)是最常见的细胞可透过性冷冻保护剂,用于制备感受态细胞。它们穿透细胞,防止冰晶的形成,冰晶可能会在冻结过程中导致膜破裂。甘油和 DMSO 也有一定的缺点,他们可能会导致细胞毒性,特别是在解冻过程中。非细胞透过性的试剂如蔗糖和海藻糖等也可作为替代物。山梨糖醇钙也是一个好的冷冻保护剂,尤其适用于电穿孔制备感受态细胞。

(三)酵母感受态细胞的储存

(1)每次转化时使用新鲜的感受态细胞是明智的,因为长时间储存,转化效率会降低,但这并不总是可行的。

(2)感受态细胞可以存储在-80 ℃长达 1 年,没有转化潜能的损失。然而,瞬间冻结在液氮或-80 ℃冰箱是不建议的。感受态细胞需要在冷冻保护剂中,像哺乳动物细胞一样缓慢地冷冻。使用硬纸板或聚苯乙烯泡沫塑料盒等储存或用纸片等将盒子里的细胞管隔开,分成多个小格子。

(3)复苏过程中,在 37 ℃下解冻细胞,转化前用丰富培养基清洗防冻剂。

二 大肠杆菌感受态细胞

(一)实验原理

细胞经过一些特殊方法(例如:电击法、$CaCl_2$ 法等)处理后,细胞膜的通透性发生了暂时性的改变,成为能允许外源 DNA 分子进入的细胞,即感受态细胞。通过处理使细胞的通透性变大,直观地说,使得细胞膜表面出现一些孔洞,便于外源基因或载体进入感受态细胞。由于细胞膜的流动性,这种孔洞会被细胞自身所修复。

将快速生长的大肠杆菌置于经低温(0 ℃)预处理的低渗 $CaCl_2$ 溶液中,便会造成细胞膨胀,同时 Ca^{2+} 会使细胞膜磷脂双分子层形成液晶结构,促使细胞外膜与内膜间隙中的部分核酸酶解离开来,离开所在区域,诱导细胞成为感受态细胞。细胞膜通透性发生变化,极易与外源 DNA 相粘附并在细胞表面形成抗脱氧核糖核酸酶的羟基-磷酸钙复合物。

(二)实验材料

1. 实验试剂　E. coli DH5α 菌株试剂、试剂盒,LB 固体培养基,LB 液体培养基,$CaCl_2$。

2. 仪器　培养皿,恒温摇床,聚丙烯管,电热恒温培养箱,台式高速离心机,无菌工作台,烧瓶,恒温水浴锅,低温冰箱,制冰机,分光光度计,微量移液枪,锥形瓶,试管。

(三)实验步骤

1. 受体菌的培养

(1)将保存的大肠杆菌原种划线接种于 LB 平板,37 ℃下培养 12 h 活化;从 LB 平板上挑取良好的新活化的 E. coli DH5α 单菌落(直径 2 ~ 3 mm),接种于 3 ~ 5 mL LB 液体培养基中,37 ℃,230 r/min 条件下振荡培养过夜(12 h 左右)至细菌对数生长后期。

(2)将培养的菌种悬液以 1 : 100 的比例接种(即接种量为 1%),取 250 μL 菌液转接到 25 mL LB 液体培养基中,37 ℃条件下,200 ~ 220 r/min 振荡培养 3 ~ 3.25 h;240 ~ 260 r/min 振荡培养 2.75 ~ 3 h;280 ~ 300 r/min 振荡培养 2.5 ~ 2.75 h。待细胞密度 OD 600 值为 0.3 ~ 0.4 时可获得最佳转化效率。

2. 感受态细胞的制备　注意:以下操作在超净工作台完成。

(1)将菌液转入 50 mL 离心管中,冰上放置 10 min。

(2)在 4 ℃下,4 000 r/min 离心 10 min。弃去上清,将管倒置 1 min 以便培养液流尽。

(3)用冰上预冷的 0.1 mol/L 的 $CaCl_2$ 溶液 10 mL 轻轻悬浮细胞,冰上放置 30 min。

(4)0 ~ 4 ℃ 4 000 r/min 离心 10 min,弃去上清,加入 2 mL 预冷的 0.1 mol/L 的 $CaCl_2$ 溶液,将沉淀轻轻弹起,轻轻悬浮细胞,置于冰上 30 ~ 60 min(一般 30 min);8 000 r/min 离心 3 min,弃上清(务必冰上放置)。

(5)放置于 4 ℃下,可保存 7 d。

3. 感受态细胞的分装与冻存

(1)在 2 mL 制备好的感受态细胞中加入 2 mL 30% 甘油(即 1 : 1 体积,甘油终浓度为 15%)。

(2)将此感受态细胞分装成每份 200 μL(1.5 mL dorf 管),液氮速冻,快速转入-70 ℃ 冰箱保存。(如果没有液氮,可以将分装的感受态细胞直接转入-70 ℃冰箱保存。)

(四)感受态细胞的种类

感受态细胞的种类见表 2-1。

表 2-1 感受态细胞的种类

项目	DH5α 菌株	JM109 菌株	BL21(DE3)菌株	BL21(DE3) ply 菌株	Xl1-Blue 菌株
特点	一种常用于质粒克隆的菌株。其Φ80dlacZΔM15基因的表达产物与 pUC 载体编码的β-半乳糖苷酶氨基端实现α互补,可用于蓝白斑筛选。recA1 和 endA1 的突变有利于克隆 DNA 的稳定和高纯度质粒 DNA 的提取	部分抗性缺陷,适合重复基因表达,可用于 M13 克隆序列测定和蓝白斑筛选	该菌株用于以 T7 RNA 聚合酶为表达系统的高效外源基因的蛋白表达宿主。T7 噬菌体 RNA 聚合酶基因的表达受控于λ噬菌体 DE3 区的 lacUV5 启动子,该区整合于 BL21 的染色体上。该菌适合于非毒性蛋白的表达	该菌株带有 pLysS,具有氯霉素抗性。此质粒还有表达 T7 溶菌酶的基因,T7 溶菌酶能够降低目的基因的背景表达水平,但不干扰 IPTG 诱导的表达。适合于毒性蛋白和非毒性蛋白的表达	具有卡那抗性、四环素抗性和氯霉素抗性
用途	分子克隆、质粒提取和蛋白质表达	分子克隆、质粒提取和蛋白质表达	蛋白质表达	蛋白质表达	分子克隆和质粒提取

(五)注意事项

1. 细胞的生长状态和密度　最好从-70 ℃或-20 ℃甘油保存的菌种中直接转接用于制备感受态细胞的菌液。不要用已经过多次转接及储存在 4 ℃的培养菌液。细胞生长密度以每毫升培养液中的细胞数在 5×10^7 个左右为佳。即应用对数期或对数生长前期的细菌,可通过测定培养液的 OD 600 控制。TG1 菌株,OD 600 为 0.5 时,细胞密度在 5×10^7 个/mL 左右(应注意 OD 600 值与细胞数之间的关系随菌株的不同而不同)。密度过高或不足均会使转化率下降,要尽量保证 OD 值不过高,更不能超过0.6。此外,受体细胞一般应是限制修饰系统缺陷的突变株,即不含限制性内切酶和甲基化酶的突变株。并且受体细胞还应与所转化的载体性质相匹配。

2. 克隆的新鲜程度　一定要选新鲜平板的单克隆,即刚涂布生长过夜的平板。

3. 试剂的质量　所用的 $CaCl_2$ 等试剂均须是最高纯度的,并用纯净的水配制,最好分装保存于 4 ℃下。

4. 防止杂菌和杂 DNA 的污染　整个操作过程均应在无菌条件下进行，所用器皿，如离心管、移液枪头等最好是新的，并经高压灭菌处理。所有的试剂都须灭菌，且注意防止被其他试剂、DNA 酶或杂 DNA 所污染，否则均会影响转化效率或导致杂 DNA 的转入。

5. 操作手法　第 1 次离心以后可以将沉淀用移液枪轻轻吹起重悬，第 2 次离心之后用手指轻弹，感受态细胞是很脆弱的，实验操作过程中，动作要轻。整个操作均须在冰上进行，不能离开冰浴，否则细胞转化效率会降低。

第三章 细胞生物学功能实验

细胞生物学学科的发展是基于新的研究技术方法的建立。技术方法与科研思路是学科发展的双翼，二者缺一不可。从20世纪70年代基因重组技术的出现到当前，细胞生物学与分子生物学的结合愈来愈紧密，研究细胞的分子结构及其在生命活动中的作用成为主要任务，基因调控、信号转导、肿瘤生物学、细胞分化和凋亡是当代的研究热点。细胞生物学实验技术是当今生命科学领域应用最广泛和最重要的研究手段之一，学习和掌握细胞生物学常用技术对于生命科学研究者来说至关重要。本章节主要讲述了细胞生物学功能实验，包括细胞增殖实验、细胞迁移和侵袭实验、细胞周期实验和免疫组织化学染色等。

第一节 CCK-8 法细胞增殖与毒性检测

一 实验原理

Cell Counting Kit-8(简称CCK-8)试剂可用于简便而准确的细胞增殖和毒性分析。其基本原理为：该试剂中含有WST-8[化学名：2-(2-甲氧基-4-硝基苯基)-3-(4-硝基苯基)-5-(2,4-二磺酸苯)-2H-四唑单钠盐]，它在电子载体1-甲氧基-5-甲基吩嗪鎓硫酸二甲酯(1-Methoxy PMS)的作用下被细胞中的脱氢酶还原为具有高度水溶性的黄色甲瓒产物(Formazan dye)。生成的甲瓒物的数量与活细胞的数量成正比。因此可利用这一特性直接进行细胞增殖和毒性分析。

二 实验用途与优点

CCK-8 可用于药物筛选、细胞增殖测定、细胞毒性测定与肿瘤药敏试验等方面。CCK-8 使用方便，省去了洗涤细胞步骤，不需要放射性同位素和有机溶剂，同时检测的速度更快；CCK-8 法的检测灵敏度很高，甚至可以测定较低细胞密度；CCK-8 法的重复性优于 MTT 法，MTT 实验生成的甲瓒不是水溶性的，需要使用 DMSO 等有机溶剂溶解，而 CCK-8 法产生的甲瓒是水溶性的，不仅省去了溶解步骤，更因此而减少了该操作步骤带来的误差；此方法对细胞毒性小，可以多次测定选取最佳测定时间，与 MTT 方法相比线性范围更宽，灵敏度更高；CCK-8 细胞活性检测试剂中为 1 瓶溶液，无须预制，即开即用（表 3-1）。

表 3-1　CCK-8 法与其他细胞增殖/毒性检测方法的优势比较

项目	MTT 法	CCK-8 法
甲瓒产物的水溶性	差（需加有机溶剂溶解再检测）	好
产品性状	粉末	1 瓶溶液
使用方法	配成溶液后使用	即开即用
检测灵敏度	高	高
检测时间	较长	最短
检测波长	560 ~ 600 nm	430 ~ 490 nm
细胞毒性	高，细胞形态完全消失	很低，细胞形态不变
试剂稳定性	一般	很好
批量样品检测	可以	非常适合
便捷程度	一般	非常便捷

三 实验材料

CCK-8 试剂；10 μL，100 ~ 200 μL 及多通道移液器；酶标仪（带有 450 nm 滤光片）；二氧化碳培养箱；细胞培养板。

四 实验步骤

(一)细胞增殖分析

1. 制备细胞悬液 细胞计数。

2. 接种到96孔板中 根据合适的铺板细胞数[约$(1\sim2)\times10^4$],每孔约100 μL细胞悬液,同样的样本可重复做4~6个。

3. 37 ℃培养箱中培养 细胞接种后贴壁大约需要培养4 h,如果不需要贴壁,这步可以省去。

4. 加入10 μL CCK-8 由于每孔加入CCK-8量比较少,有可能因试剂沾在孔壁上而带来误差,建议将枪头浸入培养液中加入,且在加完试剂后轻轻敲击培养板以帮助混匀。或者直接配置含10% CCK-8的培养基(现用现配),以换液的形式加入。

5. 培养0.5~4 h 细胞种类不同,形成的甲瓒的量也不一样。如果显色不够的话,可以继续培养,以确认最佳条件(建议预实验先摸清楚时间点)。特别是血液细胞形成的甲瓒很少,需要较长的显色时间(5~6 h)。

6. 测定450 nm吸光度 建议采用双波长进行测定,检测波长450~490 nm,参比波长600~650 nm。

(二)细胞毒性分析

1. 制备细胞悬液 细胞计数。

2. 接种到96孔板中 根据合适的铺板细胞数(约$\geqslant5\times10^4$),每孔约100 μL细胞悬液,同样的样本可做4~6个。

3. 37 ℃培养箱中培养 细胞接种后贴壁大约需要培养4 h,如果不需要贴壁,这步可以省去。

4. 加入毒性物质 加入不同浓度的毒性物质。

5. 37 ℃培养箱中培养 加入毒性物质的培养时间,要看毒性物质的性质和细胞的敏感性,一般要根据细胞周期来决定,起码要一代以上的时间(例如:6、12、24、48、60、72 h)。

6. 加入10 μL CCK-8 由于每孔加入CCK-8量比较少,有可能因试剂沾在孔壁上而带来误差,建议将枪头浸入培养液中加入且在加完试剂后轻轻敲击培养板以帮助混匀。

7. 培养0.5~4 h 细胞种类不同,形成的甲瓒的量也不一样。如果显色不够的话,可以继续培养,以确认最佳条件。特别是血液细胞形成的甲瓒很少,需要较长的显色时间(5~6 h)。

8. 测定450 nm吸光度 建议采用双波长进行测定,检测波长450~490 nm,参比波长 600 ~ 650 nm。

(三)活力计算

细胞活力(%)=[A(加药)-A(空白)]/[A(0 加药)-A(空白)] ×100%

A(加药):具有细胞、CCK-8 溶液和药物溶液的孔的吸光度。

A(空白):具有培养基和 CCK-8 溶液而没有细胞的孔的吸光度。

A(0 加药):具有细胞、CCK-8 溶液而没有药物溶液的孔的吸光度。

细胞活力:细胞增殖活力或细胞毒性活力。

五 注意事项

1. 若暂时不测定 OD 值,可以向每孔中加入 10 μL 0.1 mol/L 的 HCl 溶液或者 1% w/v SDS 溶液,并遮盖培养板避光保存在室温条件下。24 h 内测定,吸光度不会发生变化。

2. 如果待测物质有氧化性或还原性的话,可在加 CCK-8 之前更换新鲜培养基(除去培养基,并用培养基洗涤细胞 2 次,然后加入新的培养基),去掉药物影响。当然药物影响比较小的情况下,可以不更换培养基,直接扣除培养基中加入药物后的空白吸收即可。

3. 当使用标准 96 孔板时,贴壁细胞的最小接种量至少为 1 000 个/孔(100 μL 培养基)。检测白细胞时的灵敏度相对较低,因此推荐接种量不低于 2 500 个/孔(100 μL培养基)。

4. 酚红和血清对 CCK-8 法的检测不会造成干扰,可以通过扣除空白孔中本底的吸光度而消去。

5. CCK-8 可以检测大肠杆菌,但不能检测酵母细胞。在细胞增殖实验每次测定的过程中需要避免细菌污染,以免影响结果。

6. CCK-8 在 0 ~ 5 ℃下能够保存至少 6 个月,在-20 ℃下避光可以保存 1 年。

7. 当在培养箱内培养时,培养板最外圈的孔最容易干燥挥发,由于体积不准确而增加误差。一般情况下,最外圈的孔加培养基或者 PBS,不作为测定孔用。

8. 在培养基中加入 CCK-8,培养一定的时间,测定 450 nm 的吸光度即为空白对照。在做加药实验时,还应考虑药物的吸收,可在加入药物的培养基中加入 CCK-8,培养一定的时间测定 450 nm 的吸光度作为空白对照。

9. 金属对 CCK-8 显色有影响:终浓度为 1 mmol/L 的氯化亚铅、氯化铁、硫酸铜会抑制 5%、15%、90% 的显色反应,使灵敏度降级。如果终浓度是 10 mmol/L 的话,将会 100% 抑制。

10. 悬浮细胞由于染色比较困难,一般需要增加细胞数量和延长培养时间。

11. 加入 CCK-8 时,细胞培养时间较长,培养基颜色已变建议及时更换。

12. 用酶标仪检测前须确保每个孔内没有气泡,否则会干扰测定,且要擦拭干净样品板。

第二节 MTT 法细胞增殖

一 实验原理

MTT 法又称 MTT 比色法,是一种检测细胞存活和生长的方法。其检测原理为活细胞线粒体中的琥珀酸脱氢酶能使外源性 3-(4,5-二甲基噻唑-2)-2,5-二苯基四氮唑溴盐(MTT)还原为水不溶性的蓝紫色结晶甲瓒并沉积在细胞中,而死细胞无此功能。二甲基亚砜(DMSO)能溶解细胞中的甲瓒,用酶联免疫检测仪在 490 nm 波长处测定其吸光度值,可间接反应活细胞数量。在一定细胞数范围内,MTT 结晶形成的量与细胞数成正比。该方法已广泛用于生物活性因子的活性检测、抗肿瘤药物筛选、细胞毒性试验以及肿瘤放射敏感性测定等。它的特点是灵敏度高、经济、快捷。

二 实验说明

1. 在进行培养或检测反应时,为避免培养基因蒸发体积减小,可用封口膜部分封闭培养板。

2. 微生物污染将导致测定结果不准确。另外,如果 MTT 由黄色变灰绿色应弃去。MTT 可预先稀释于培养基中配制成工作液,通常在 4 ℃ 1 周内稳定。

3. 溶解这一步,为了能够更节省时间,可以用 DMSO 来代替 MTT 溶解剂,室温孵育 10 min,稍微振荡下就可以检测。

4. 可在非 96 孔板进行 MTT 分析,需要成比例加大反应体系。反应后用比色杯测定 OD。

5. 浓度高于 10% 血清将降低灵敏度。使用不含酚红的培养基将使灵敏度提高约 20%。

6. MTT 还存在有部分不足之处,比如由于 MTT 经还原所产生的甲瓒产物不溶于水,需被溶解后才能检测。这不仅使工作量增加,也会对实验结果的准确性产生影响,而且溶解甲瓒的有机溶剂对实验操作者也有损害。

三 实验材料

MTT 溶液的配制通常终浓度为 5 mg/mL,须用 PBS 或生理盐水作溶剂。一般 MTT 的包装为100 mg,250 mg 或 1 g。对于 100 mg 小包装建议全部溶解于 20 mL PBS 中,不建议称量一部分进行溶解。对于大包装,可称量部分 MTT 粉剂进行稀释。

四 实验步骤

1. 接种细胞:取对数期细胞进行细胞计数,调整细胞浓度,取 96 孔板,每孔加入 200 μL 细胞溶液,使每孔含有 10^3 ~ 10^4 个细胞为宜,具体数目需要根据细胞增殖速度来定(注:96 孔板四周的 32 个边孔不要使用,建议加入 200 μL 灭菌 PBS 补齐。因边孔水分蒸发快,培液会出现浓缩现象,细胞状态处理条件等都不再准确,通常将其称为“边缘效应”)。

2. 将细胞培养板放入 CO_2 培养箱中,37 ℃、5% CO_2 条件下培养 24 ~ 48 h(培养时间需根据具体实验进行调整)。

3. 药物处理:设置不同浓度梯度或者使用不同药物刺激细胞,注意每个梯度或者每种药物请设置 3 个复孔(可选步骤,一些无须药物刺激的情况可以省去此步,如对比敲除或者过表达某基因后细胞的增殖情况)。

4. 每孔加入 20 μL 5 mg/mL 的 MTT 溶液,继续培养 4 h。

5. 终止培养,小心弃去孔内培养液,对于悬浮细胞需要离心后再小心吸取培养液弃去。

6. 溶解:每孔加入 150 μL DMSO,低速摇床摇 10 min,使结晶充分溶解。

7. 使用酶标仪测定每孔在 570 nm 波长处的吸光度(OD 570),可以使用OD 630 作为参比波长,将 OD 570 ~ OD 630 作为每孔最终值。

8. 细胞活力(%)=[A(实验组)-A(空白)]/[A(对照组)-A(空白)] ×100%

A(实验组):经过不同药物处理细胞的吸光度。

A(空白组):含培养基而没有细胞孔的吸光度。

A(对照组):未经过处理细胞的吸光度。

9. 所得全部数据用 SPSS 21.0 统计软件做统计学处理。

五 注意事项

1. 选择适当的细胞接种浓度。一般情况下,96 孔培养板的内贴壁细胞长满约有 10^5 个细胞。但由于不同细胞贴壁后面积差异很大,因此,在进行 MTT 实验前,要进行预实验检测细胞的贴壁率、倍增时间以及不同接种细胞数条件下的生长曲线,确定实验中每孔的接种细胞数和培养时间,以保证培养终止时细胞不会长太满,而影响细胞的生长状态。这样才能保证 MTT 结晶形成量与细胞数呈线性关系。否则细胞数太多敏感性降低,会影响实验结果。

2. 药物浓度的设定,要提前查阅资料,参考实验结果再设定一个合适的初选范围。根据初筛的结果缩小浓度和时间范围,再细筛。否则,可能验证的药物浓度和时间不在药物的最佳范围,会影响判断和实验结果。

3. 培养时间对 MTT 的结果影响很大。培养液的浓度对于孔内增殖期的细胞,很难维持 48 h,如果营养不够,细胞会由增殖期渐渐趋向 G0 期而趋于终止生长,影响结果,建议在 48 h 后换液。

4. MTT 法只能测定细胞相对数和相对活力,不能测定细胞绝对数。在进行实验时,尽量无菌操作,细菌污染也可以导致 MTT 比色 OD 值的升高。

5. 实验时应设置调零孔,对照孔,加药孔。

6. 避免血清干扰也很重要。用含 15% 胎牛血清培养液培养细胞时,高的血清物质会影响实验孔的光吸收值。因此,一般选小于 10% 胎牛血清的培养液进行实验。在呈色后,尽量吸尽培养孔内残余培养液。

7. 最边缘的孔液体易挥发,故不用作实验,边缘孔用无菌的 PBS 填充。

8. 建议设置 3 ~5 个复孔,避免实验误差。

9. MTT 一般现用现配,过滤后 4 ℃避光保存 2 周内有效,或配制成 5 mg/mL 在 −20 ℃长期保存,避免反复冻融,最好小剂量分装,用避光带或锡箔纸包裹避免见光分解。尤其当 MTT 变为灰绿色时不能使用。

10. MTT 有致癌性,使用时要佩戴防护物品,配成的 MTT 须无菌。MTT 对细菌很敏感。

11. 注意细胞悬液一定要混匀,避免细胞沉淀,导致每孔中的细胞数量不等,可以每接种 3 个孔,混匀 1 次。加样器操作要熟练,尽量避免人为误差。

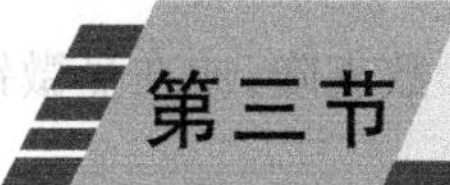

第三节　细胞克隆形成

一 实验原理

“克隆”顾名思义,即体细胞无性繁殖,由 1 个细胞分裂成 2 个细胞,进行种群繁殖并扩大的过程,是体外测定细胞增殖能力的一种常用技术。克隆形成实验是测定细胞增殖能力的有效方法之一,贴壁后的细胞不一定每个都能增殖和形成克隆,而形成克隆的细胞必为贴壁和有增殖活力的细胞。细胞克隆形成率表示接种细胞后贴壁的细胞成活并形成克隆的数量,可以反映细胞群体依赖性和增殖能力两个重要性状。克隆形成实验可以评价不同杀伤因素(药物、基因等)对肿瘤细胞增殖能力或群体依赖性的敏感性,还可以评价细胞在体内成瘤性,癌细胞不一定都可以在体内成瘤,但若体外克隆能力越强,即表明体内成瘤性越强,算是一种模拟体内成瘤的体外实验。

二 实验材料

细胞生长培养基、胎牛血清、胰蛋白酶、PBS、结晶紫染色液、6 孔板、培养的细胞、甲醇固定液、显微镜等。

三 实验步骤

1. 取对数生长期的各组细胞,分别用胰蛋白酶消化并吹打成单个细胞,并把细胞悬浮在 10% 胎牛血清的细胞生长培养基中备用。

2. 将细胞悬液作梯度倍数稀释,每组细胞每皿分别接种 100 个细胞于含 10 mL 37 ℃预温培养液的皿中,并轻轻转动,使细胞分散均匀。

3. 置 37 ℃,5% CO_2 及饱和湿度的细胞培养箱中培养 2 ~ 3 周。

4. 当培养皿中出现肉眼可见的克隆时,终止培养。弃去上清液,用 PBS 小心浸洗 2 次。

5. 加纯甲醇或 1∶3 醋酸/甲醇 5 mL,固定 15 min。

6. 去固定液,加适量结晶紫染色液染 10～30 min。

7. 用流水缓慢洗去染色液,空气干燥。

8. 将平皿倒置并叠加一张带网格的透明胶片,用肉眼直接计数克隆,或在显微镜(低倍镜)计数大于 10 个细胞的克隆数。最后计算克隆形成率。

克隆形成率=(克隆数/接种细胞数)×100%

四 注意事项

1. 平板克隆形成试验方法简单,适用于贴壁生长的细胞。适宜的细胞容器为玻璃的、塑料瓶皿。试验成功的关键是细胞悬液的制备和接种密度。细胞一定要分散得好,不能有细胞团,接种密度不能过大。

2. 细胞在进行克隆形成实验时要求有 95% 以上的分散度,否则结果的准确度会受到很大影响。

3. 细胞在低密度、非贴壁状态条件下培养,生存率明显下降,永生细胞系/株克隆形成率可达到 10% 以上,但初代培养细胞和有限传代细胞系克隆形成率仅为 0.5%～5%,甚至无法形成单个克隆。因此,为了提高克隆形成率,有时需要在培养基中添加胰岛素等促克隆形成物质。

4. 细胞接种存活率只表示接种细胞后贴壁的细胞数,但贴壁后的细胞不一定每个都能增殖和形成克隆。而形成克隆的细胞必为贴壁和有增殖活力的细胞。克隆形成率反映细胞群体依赖性和增殖能力两个重要性状。由于细胞生物学性状不同,细胞克隆形成率差别也很大,一般初代培养细胞克隆形成率弱,传代细胞系强;二倍体细胞克隆形成率弱,转化细胞系强;正常细胞克隆形成率弱,肿瘤细胞强。并且克隆形成率与接种密度有一定关系,做克隆形成率测定时,接种细胞一定要分散成单细胞悬液,直接接种在碟皿中,持续 1 周,随时检查,到细胞形成克隆时终止培养。

5. 通常情况下,单个细胞在体外增殖 6 代以上所组成的细胞群称为一个阳性克隆,时间约为 1 周;但具体时间因细胞增殖能力各异,需要摸索,因此应密切关注细胞生长情况,每隔 24 h 要在显微镜下观察克隆情况,若单个克隆细胞数达到 50 个左右即可固定细胞。

6. 细胞接种密度与最终实验结果密切相关,若细胞太多,形成克隆数目太多,很难拍到单独的克隆团。而细胞数目太少,可能无法形成克隆,从而影响对该细胞增殖能力的判断。一般来说,正常增殖速度为 1∶(5～10)传代,3 d 长满细胞,可以接种 500 个细胞,其余增殖缓慢细胞,可以接种 800～1 000个。

7. 若铺板不均匀,细胞稀的地方形成的克隆少,而密的地方克隆多,不仅影响统计结果,而且拍出的图片不美观。

8. 要根据细胞增殖能力设计梯度。一般每孔按 50、100、200 个细胞的梯度密度设计。

9. 终止培养时间以不少于 2 周而且克隆之间不发生融合为标准。

第四节　软琼脂克隆形成

一　实验原理

软琼脂细胞克隆是一种广泛应用于体外细胞转化的技术。历史上，帕克等人在 1956 年提出的克隆实验用于评估细胞形成克隆的能力，在这种技术中，细胞被分散到培养板上，生长在饲养细胞或含有必要生长因子的条件培养基上。这种技术的局限性在于它只能提供关于克隆形成的信息。正常细胞脱离原来生存环境生长的一种特定类型的程序化死亡形式，称为失巢凋亡。然而，转化细胞具有在不与底物结合的情况下生长和分裂的能力。为了利用这一概念，研究人员开发了软琼脂克隆形成实验。近年来，软琼脂克隆形成实验已被改进，以满足特定的需要，一种是掺入荧光染料，允许高通量菌落计数，另一种是使用专门的琼脂溶液，以便在需要蛋白质或 DNA 样本进行克隆形成后检索活细胞。在传统的软琼脂克隆形成实验中，细胞生长在上层含有细胞培养基的软琼脂中，下层软琼脂也与细胞培养基混合，但含有较高浓度的琼脂。这可以防止细胞贴附在培养板上，还可以使转化细胞形成可见的菌落。这种技术的原理是正常细胞依靠细胞与细胞外基质的接触才能生长和分裂，相反，不管周围环境如何，转化细胞均具有生长和分化的能力，因此能够以锚定独立的方式形成菌落的细胞被认为是转化和致癌的。这种方法的总体目标是以半定量和严格的方式测定细胞的这种能力。

二　实验材料

1. 配制 2×培养基：1 g 培养基粉末，0.2 g 碳酸氢钠，加入去离子水，定容到 50 mL。

2. 将培养基经 0.2 μm 滤膜过滤除菌。

3. 加入目标细胞所需培养基的其他成分。例如:用 RPMI 1640 培养基培养 CMT 167 细胞需要加入 10% FBS,1% 青霉素/链霉素。使用之前将培养基放在 37 ℃水浴。

4. 配制 1×培养基,依照目标细胞生长所需培养基配制。

5. 配制 1% 琼脂:1 g 琼脂加入到 100 mL 去离子水中。

6. 配制 0.6% 琼脂:0.6 g 琼脂加入到 100 mL 去离子水中。

7. 将配好的琼脂经高温高压灭菌,灭菌后可放在 4 ℃保存,使用前加热至完全溶解。

8. 配制氯化硝基四氮唑蓝溶液:1 mg/mL 氯化硝基四氮唑蓝加入到 1×PBS 中。

三 实验步骤

1. 将融化的 1% 琼脂溶液和预热的 2×培养基放入装满热水(42 ℃)的桶(或水浴锅)中,在热水里放一个 50 mL 的锥形管。将桶放入超净台内。

2. 6 孔板中的每 1 个孔需要加入 1.5 mL 混合的琼脂和培养基,为保证足够的量,一个 6 孔板准备 12 mL。

3. 首先加入 6 mL 的培养液到 50 mL 的锥形管中,再加入 6 mL 的 1% 琼脂溶液。将锥形管多次翻转混匀,每个孔中迅速加入 1.5 mL 混合液,加混合液时不能产生气泡。

4. 室温静置 30 min,待下胶凝固。

5. 收获的细胞用胰蛋白酶消化,用培养基以 1∶5 的比例稀释(如 1 mL 胰蛋白酶,加 4 mL 培养基),放入 15 mL 锥形管。

6. 细胞计数:以每孔 5 000 个细胞作为起始,并根据需要进行调整。

7. 细胞悬浮液的体积需要 1.5 mL。一个 6 孔板准备 12 mL 细胞悬液。

8. 将熔化的 0.6% 琼脂溶液放入装有热水(42 ℃)的桶中,在热水里放一个 50 mL 的锥形管。将桶放入超净台内。

9. 以 1∶1 的比例混合 0.6% 琼脂溶液和细胞悬液,吸取 6 mL 细胞悬浮液到 50 mL 锥形管,再加入 6 mL 的 0.6% 琼脂溶液。混匀后迅速加入 6 孔板中,每孔 1.5 mL。小心避免产生气泡。

10. 室温静置 30 min,待上胶凝固后放入细胞培养箱。

11. 足够的菌落形成所需的时间因每个细胞系而异,通常为 21 d 左右。每星期加 2 次 100 g 的培养基以防止干燥。

四 注意事项

1. 软琼脂克隆形成实验方法简单，适宜的细胞容器为玻璃的塑料瓶皿。实验成功的关键是细胞悬液的制备和接种密度。细胞一定要分散得好，不能有细胞团，接种密度不能过大。软琼脂培养法常用于检测肿瘤细胞和转化细胞系。接种细胞的密度不超过35 个/cm^2，正常细胞在悬浮状态下不能增殖，不适用于软琼脂克隆形成实验。

2. 琼脂对热和酸不稳定，如果反复加热，容易降解，产生毒性，同时琼脂硬度下降。故琼脂高压灭菌后按一次用量进行分装。

3. 软琼脂培养时，注意琼脂与细胞混合时不要超过 40 ℃，以免烫伤细胞。

4. 琼脂法所用琼脂应为低熔点琼脂。配好的琼脂要放在水中预温，下层琼脂水温在 50 ~ 60 ℃，上层琼脂水温不要超过 42 ℃。

5. 应在下层琼脂充分凝固后，再浇上层琼脂，以避免上层琼脂培养基中的细胞进入下层琼脂中。

6. 浇上层琼脂时操作要迅速，以避免液体过凉导致上下分离。

7. 在整个操作过程中，上层琼脂和下层琼脂都不能有气泡，会影响实验结果。

8. 软琼脂克隆形成实验适用于非锚着依赖性生长的细胞，如骨髓造血干细胞、肿瘤细胞株、转化细胞系等。

9. 上层软琼脂使细胞分散成单个，下层软琼脂作为支撑防止细胞贴附生长。最后铺上一层培养基是为了防止胶干燥，并给细胞补充培养，如果做药物处理，则在培养基中加入药物。

10. 琼脂放入水浴锅中维持在 42 ℃左右。温度过低琼脂凝固，在做基底时琼脂凝固过快会导致不均一，温度过高则将细胞烫死。此外，实验过程中速度要快，防止局部结块。

11. 细胞自身的因素，半固体环境要求细胞恶性程度高，容易生长，恶性程度低且依赖贴壁生长的细胞可能不适用于此法。

12. 软琼脂克隆形成操作相对复杂，但更接近细胞在体内的三维生长状态，亦可用于肿瘤干细胞的培养分离，并且适用于悬浮细胞及不依赖于贴壁生长的肿瘤细胞。

13. 根据实验对象和目的选择方法，平板克隆检测贴壁肿瘤细胞的增殖能力和致瘤性，软琼脂克隆形成实验除了检测贴壁细胞，还能检测悬浮肿瘤细胞和转化细胞系，具有平板克隆不可取代的优势。若只是简单评价贴壁细胞的增殖能力和群体依赖性，选择平板克隆即可。

第五节 划痕实验

一 细胞迁移的重要性

细胞迁移也称为细胞移动、细胞爬行或细胞运动，是指细胞在接收到迁移信号或感受到某些物质的梯度后而产生的移动。它参与到很多生理和病理的活动中：免疫，一些淋巴细胞的定向迁移是其分化成熟和发挥功能的关键之一；炎症，炎症反应最重要的功能是将白细胞送到炎症灶，白细胞迁移到炎症部位并发挥其吞噬和组织损伤作用；肿瘤转移，肿瘤转移是肿瘤恶化后最常见的活动，如侵入淋巴管、血管后随脉管系统实现远处转移；损伤修复，当机体发生损伤时，免疫细胞和血小板会迁移到损伤部位，参与消炎和凝血；胚胎发育，胚胎期不同类型祖细胞迁移至特异靶位以保证各组织、器官的正常发育。

二 实验原理

细胞划痕（修复）法是简捷测定细胞迁移运动与修复能力的方法，类似体外伤口愈合模型，在体外培养皿或平板培养的单层贴壁细胞上，用微量枪头或其他硬物在细胞生长的中央区域划线，去除中央部分的细胞，然后再继续培养细胞至实验设定的时间，然后取出细胞培养板，观察周边细胞是否生长（修复）至中央划痕区，以此判断细胞的生长迁移能力，实验通常需设定正常对照组和实验组，实验组是加了某种处理因素或药物、外源性基因等的组别，通过不同分组之间的细胞对于划痕区的修复能力，可以判断各组细胞的迁移与修复能力。

三 实验材料

1. 细胞培养平板　一般使用6孔板，大小合适，便于划线和观察。

2. 记号笔　用于观察细胞划线的拍照位置，避免误差。

3. 直尺　用于观察时对细胞划痕宽度测量。

4. 划痕工具　20 μL 枪头（灭菌）或者经过灭菌处理的牙签均可，用于在单层细胞上划痕。

5. 培养基　在划痕之后要采用无血清培养基培养。

6. PBS　用于清洗细胞。

四 实验步骤

1. 培养板划线　首先使用马克笔在 6 孔板背后，用直尺比着，均匀地划横线，每隔 0.5～1 cm 一道，横穿过孔。每孔至少穿过 5 条线。划线时注意线不要太粗。

2. 铺细胞　在孔中加入约 5×10^5 个细胞（不同的细胞数量有所不同，根据细胞的生长快慢调整），接种原则为过夜后融合率达到 100%。

3. 细胞划线　第 2 天用枪头或者无菌牙签，垂直于细胞平面，沿着前一天划在平板背面的线在细胞层上进行划痕（不同孔之间最好使用同一支枪头或牙签）。

4. 洗细胞　划痕完成后，使用无菌 PBS 洗细胞 3 次，洗去不贴壁的细胞，即划线时划掉的细胞，使划线后留下的间隙清晰可见，然后更换新鲜无血清培养基。

5. 细胞培养、观察　将细胞放入 37 ℃，5% CO_2 培养箱培养。然后在适当的时间点，如 0、6、12、24 h 取出培养板，显微镜下观察并测量划痕的宽度，并拍照（具体时间依实验需要而定）。

6. 结果分析　使用 Image J 软件打开图片后，测定划痕区域的灰度值，来检测细胞的迁移速率。

五 注意事项

1. 在用 PBS 缓冲液冲洗时，注意贴壁缓慢加入，以免冲散单层贴壁细胞，影响实验拍照结果。

2. 在划痕过后，细胞培养液要无血清或低血清（< 2%），否则细胞增殖因素就不能忽略。

3. 按照 6 孔板背后画线的垂直方向划痕，可以形成若干交叉点，作为固定的检测点，可以防止拍照位置不固定。

4. 实验时要注意细胞生长状况，选择适当的细胞接种浓度。对不同的细胞要观察细胞的贴壁率等，确定实验细胞的接种数量和培养时间，保证培养终止时密度适当。

5. 铺细胞最好使用 6 孔板，6 孔板可以保证有相当距离的平直划痕，而且在 6 孔板反面可以划若干条划线，这样就可以有多个可供拍照的监测点，不做重复，误差也很小。

6. 连续监测 24 h，考虑到划痕缩小可能是由于细胞迁移和细胞繁殖共同作用的结果，而不是单纯的细胞迁移的影响。若想单纯的考虑细胞迁移的影响，可以用丝裂霉素(1 μg/mL)处理 1 h，抑制细胞分裂，这样就可以大大减弱细胞增殖的影响。除此之外，使用无血清培养基培养也可以降低增殖对实验结果的影响。

8. 虽然无血清培养可以忽略细胞增殖的影响，但是由于细胞内信号传导系统整体性的调节，细胞迁移的速度也会显著变慢。

9. 在划痕实验中，细胞的适用范围较小，一般只能适用于上皮细胞，纤维样细胞。这些细胞本身有迁移能力，且迁移能力较强；细胞有极性，方便测量观察；细胞对无血清培养有较强的忍受力(至少 24 h)。但很多肿瘤细胞系不适合做划痕实验。

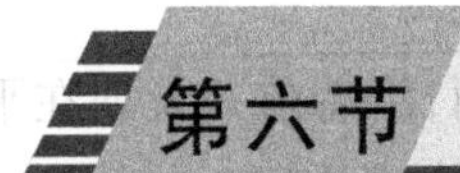

第六节 Transwell 侵袭实验

一 实验原理

Transwell 侵袭实验主要用于检测肿瘤细胞体外的侵袭能力。肿瘤细胞通过膜表面特定受体与基质或基底膜粘连，而后可以释放蛋白水解酶或激活基质中已存在的酶原，降解基质，最后细胞运动而填充到被水解的基质空隙处。这个过程不断重复，肿瘤细胞则不断地向深层侵袭。

二 实验材料

1. Transwell 小室 Transwell 小室按要求只能使用 1 次。不过如果小室用后先用棉签擦去基质胶，再用胰酶和 75% 的乙醇浸泡，可以把膜清洗干净，在下次使用前，用紫外线消毒处理 30 min，小室的内部和外部都要用紫外线消毒，消毒后则可以二次使用。或者可以将使用后的小室用棉签擦过之后，放到酒精中，在超声波清洗仪中清洗 3 次，每次 5 min，再紫外线消毒处理正面 3 h，反面 6 h，即可以二次使用。如果用的是直接铺好胶的小室,则二次利用的小室只能用来做不需要铺胶的迁移实验。

2. 上层培养液　上层培养液采用无血清培养基,为维持渗透压,需加入0.05% ~ 0.2% BSA。也可以直接用无血清培养作为上层培养液。

3. 细胞　值得注意的是,只有有侵袭能力的细胞才可用于Transwell侵袭实验。建议实验前先用酶谱法检测基质金属蛋白酶(MMPs)的表达,特别是MMP-2的表达。如果不清楚细胞MMPs的表达情况,就盲目进行Transwell侵袭实验,可能会造成不必要的浪费。另外,为了让实验结果更加明显,可以饥饿处理细胞12 ~ 24 h,再进行实验。

4. 基质胶　常用的是人工重构基底膜材料Matrigel,主要成分为层粘连蛋白和Ⅳ型胶原。

5. 下层培养液　下层常用含10% ~ 20%的血清培养基,具体浓度根据细胞侵袭能力而定,侵袭力弱的细胞可适当提高血清的浓度。下层也可用趋化因子,但血清被认为是最合适的。

6. 细胞培养板　常用于Transwell侵袭实验的细胞培养板有6孔板、12孔板、24孔板等,以24孔板最常用。细胞培养板没什么特殊要求,普通细胞培养板就可以。但要注意,细胞培养板应当与购买的Transwell小室相配套。

7. 纤维粘连蛋白　膜的下室可涂上纤维粘连蛋白,这样做的目的是使穿过膜的细胞更好的附着在膜上,也可用胶原或明胶。但这个条件不是必需的,可以用作实验辅助。

三　实验步骤

1. 做Transwell侵袭实验前1天,需要将实验使用的枪头、细胞培养板与小室预冷,放在4 ℃冰箱过夜。基质胶需要提前30 min解冻,但温度不能过高,预防基质胶凝固。实验前将准备的材料与试剂放在紫外线中消毒,才可进行实验。

2. 首先用预冷的枪头吸取100 μL的无血清细胞培养基润膜2次,每次5 min。

3. 制备基质胶。一般会按照基质胶:无血清培养基=1:8的比例配制。制备完成后,用预冷的枪头吸取100 μL的基质胶溶液,包被在上室的膜上,注意不能产生气泡,要均匀的铺在膜上,否则会影响计数。

4. 将加入基质胶的小室首先放在超净工作台中放30 min,然后将小室放到37 ℃,5% CO_2培养箱中培养3 ~ 6 h,保证小室内的胶凝固后取出。在超净工作台中加入100 μL预热的无血清培养基,在培养箱中培养15 ~ 30 min后吸出。

5. 在24孔板中加入600 μL的含20%的血清培养基,保证足够将小室的膜浸到培养基中,600 μL的培养基已足够。注意下室的血清浓度一定要适当地提高。再将加入基质胶的小室放到24孔板内,小室的内外都不能产生气泡。

6. 制备细胞悬液前可先让细胞饥饿处理 12 ~ 24 h,进一步去除血清的影响,但这一步并不是必要环节。

7. 制备细胞悬液。首先消化需要用到的细胞,终止消化后离心弃去上清液,用 PBS 清洗 2 次,最后用无血清的培养基重悬,细胞计数,将细胞的浓度调到$(1 \sim 10) \times 10^5$范围内即可。不宜过多,也不能太少。具体实验时采用的细胞密度要自己摸索,因为不同细胞,其侵袭能力不同。当细胞数量过多,穿过膜的细胞会过多过快,如果最后用计数法统计结果将难以计数;而细胞数量过少的话,可能到检测时间,还没有细胞穿过膜。因此最少也要保证在收样的时候,上室内还要有一定量的细胞存在。对照组与实验组尽量不要分开计数,细胞数目的差异会严重影响实验结果。如果需要对细胞预处理而不得不分开处理,那么计数一定要多重复几次,力求准确,尽量保证对照组与实验组细胞密度一致。

8. 取细胞悬液 100 ~ 200 μL 加入到 Transwell 小室内,不同的制造公司,不同大小的 Transwell 小室对细胞悬液量的要求不同。24 孔板一般加入 200 μL 细胞悬液。在加入细胞悬液后,将 24 孔板放到 37 ℃,5% CO_2培养箱中培养 12 ~ 72 h(主要依据癌细胞侵袭能力而定)。时间点的选择除了要考虑到细胞侵袭能力外,处理因素对细胞数目的影响也不可忽视。

9. 染色。到时间节点后,将小室取出,用棉签擦掉小室上层的培养基和上层未穿过膜的细胞,注意动作要轻柔,不要破坏膜。用甲醇固定 30 min,固定好后用 PBS 清洗 2 次,每次 5 min。清洗后要赶紧用染色液染色,常用的染色方法有结晶紫染色、台盼蓝染色、Giemsa 染色、苏木精染色和伊红染色等。但常用的是 0.1% 的结晶紫染色,因为结晶紫可以直接用甲醇配制,可以同时进行染色和固定,比较方便,而且配制简单。染色后,要用 PBS 再次清洗 2 次,每次 5 min。晾干后即可在显微镜下观察。

10. 细胞计数。可以采用显微镜拍照,用正置显微镜观察时,可以将 Transwell 小室反过来,底部朝上放置在显微镜上观察,可清楚的看到小室底膜附着的细胞。亦可以用手术刀将膜切下后染色,将膜贴在载玻片上,滴加二甲苯,盖上盖玻片,就可以长期保存。取若干个视野计数。一般采用 3 ~5 个视野,或者更多,可以固定多个位置进行实验组与对照组的拍照记录,避免个人因素的影响。

11. 由于某些细胞自身的原因或者某些膜的关系,有时细胞在穿过膜后不能附着在膜上,则采用间接计数法,通常采用 MTT 计数法和荧光试剂检测法。①MTT 计数法:首先用棉签擦去基质胶和上室内的细胞。24 孔板中加入 500 μL 含 0.5 mg/mL MTT 的完全培养基,将小室置于其中,使膜浸没在培养基中,37 ℃ 4 h 后取出。24 孔板中加入 500 μL DMSO,将小室置于其中,使膜浸没在 DMSO 中,振荡 10 min,使甲瓒充分溶解。取出小室,24 孔板于酶标仪上测 OD 值。②荧光试剂检测法:这类方法原理与 MTT 法类似,用一种荧光染料染细胞,再将细胞裂解,检测荧光值。

四 注意事项

1. 不同的细胞量，其侵袭能力是不同的，细胞量过多，穿过膜的细胞会过多过快，最后会难以统计结果；而细胞量过少，可能还没到检测的时间点，所有的细胞都已穿过，进入下室。因此最少也要保证在收样的时候，上室内还要有一定量的细胞存在。表 3-2 为常见细胞的接种数量。

表 3-2 常见细胞接种数量

细胞名称	细胞接种量（个）	检测时间点（h）	备注
DU145	3×10^4	24	—
PC3	5×10^4	24	—
22RV1	8×10^4	72	—
Lncap	8×10^4	72	—
A549	8×10^4	48	—
HEPG2	8×10^4	72	饥饿处理 12 h

2. 下层培养液和小室间常会有气泡产生，一旦产生气泡，下层培养液的趋化作用就减弱甚至消失，将小室放入培养板时要注意，如有气泡产生，须将小室提起，去除气泡，再将小室放进培养板。

3. 培养时间主要依据癌细胞侵袭能力而定，时间点的选择要考虑到细胞、细胞侵袭力及处理因素等。

4. 在接种细胞时，要把细胞铺放均匀，如果接种不均匀，计数时则无法用软件对图片进行细胞计数。

5. Transwell 小室可重复利用多次，但在棉签擦拭的时候力度应避免过大，以免损伤小室膜；重复利用之前可观察小室膜是否出现裂痕，若出现较多裂痕则停止使用。

第七节 细胞周期实验

一 细胞周期简介

细胞周期是指细胞分裂结束到下一次细胞分裂结束所经历的时间,它代表着生命从一代向下一代传递的连续过程,与细胞学实验(细胞增殖、克隆形成等)一样,细胞周期也是评价细胞增殖功能的重要实验。细胞周期常用检测方法有流式检测法、BrdU(5-溴脱氧尿嘧啶核苷)掺入法及同位素标记法等,其中流式检测法因适用于大量样品检测,可快速分析单个细胞的多种特性,是目前最为常用的测定细胞周期的一种方法。

在体内根据细胞的分裂能力可分为三类:①增殖细胞群,如造血干细胞,表皮与胃肠黏膜上皮的干细胞。这类细胞始终保持活跃的分裂能力,连续进入细胞周期循环。②不再增殖细胞群,如成熟的红细胞、神经细胞、心肌细胞等高度分化的细胞,它们丧失了分裂能力,又称终末细胞(end cell)。③暂不增殖细胞群,如肝细胞、肾小管上皮细胞、甲状腺滤泡上皮细胞。它们是分化的,并执行特定功能的细胞,在通常情况下处于G0期,故又称G0期细胞。在某种刺激下,这些细胞重新进入细胞周期。如肝部分切除术后,剩余的肝细胞迅速分裂。

细胞周期主要分为2大过程。分裂间期:间期又分为三期,即DNA合成前期(G1期)、DNA合成期(S期)与DNA合成后期(G2期);分裂期(M期):指细胞分裂开始到结束。

1. G1期　此期长短因细胞而异。体内大部分细胞在完成上一次分裂后,分化并执行各自功能,此G1期的早期阶段特称G0期。在G1期的晚期阶段,细胞开始为下一次分裂合成DNA所需的前体物质、能量和酶类等。

2. S期　S期是细胞周期的关键时刻,DNA经过复制而含量增加1倍,使体细胞成为4倍体,每条染色质丝都转变为由着丝点相连接的两条染色质丝。与此同时,还合成组蛋白,进行中心粒复制。S期一般需几个小时。

3. G2期　为分裂期作最后准备。中心粒已复制完毕,形成两个中心体,还合成RNA和微管蛋白等。G2期比较恒定,需用1～1.5 h。

4. 分裂期前期　前期(prophase)染色质丝高度螺旋化,逐渐形成染色体

(chromosome)。染色体短而粗,强嗜碱性。两个中心体向相反方向移动,在细胞中形成两极;而后以中心粒随体为起始点开始合成微管,形成纺锤体。随着核仁相随染色质的螺旋化,核仁逐渐消失。核被膜开始瓦解为离散的囊泡状内质网。

5. 分裂期中期　中期(metaphase)细胞变为球形,核仁与核被膜已完全消失。染色体均移到细胞的赤道平面,从纺锤体两极发出的微管附着于每一个染色体的着丝点上。从中期细胞可分离得到完整的染色体群,共 46 个,其中 44 个为常染色体,2 个为性染色体。男性的染色体组型为 46,XY,女性为 46,XX。分离的染色体呈短粗棒状或发夹状,均由两个染色单体借狭窄的着丝点连接构成。

6. 分裂期后期　后期(anaphase)由于纺锤体微管的活动,着丝点纵裂,每一染色体的两个染色单体分开,并向相反方向移动,接近各自的中心体,染色单体遂分为两组。与此同时,细胞被拉长,并由于赤道部细胞膜下方环行微丝束的活动,该部缩窄,细胞遂呈哑铃形。

7. 分裂期末期　末期(telophase)染色单体解螺旋,重新出现染色质丝与核仁;内质网囊泡组合为核被膜;组胞赤道部缩窄加深,最后完全分裂为 2 个二倍体的子细胞。

因为分裂间期持续的时间远远比分裂期持续时间长,在一个正常细胞周期中,分裂间期时间会占整个细胞周期的 90% ~95% 。

不同类型细胞的 G1 期时间长短不同,所以其细胞周期时间存在差异。如:人类胃上皮细胞为 24 h,骨髓细胞为 18 h,海拉细胞为 21 h。

二 实验原理

由于细胞周期各时相的 DNA 含量不同,因此,可通过特异性与 DNA 结合的染料来检测细胞内的 DNA 含量从而测定细胞周期。流式中常用碘化丙啶(Propidium,PI)与 DNA 结合,其荧光强度与 DNA 含量成正比。因此,通过流式细胞仪对细胞内 DNA 含量进行检测,同时获得的流式直方图对应的各细胞周期,可通过特殊软件计算各时相的细胞百分率。

三 实验材料

细胞,胰酶,无水乙醇,培养液,PBS,PI 染液,RNase,CO_2培养箱,流式细胞仪。

四 实验步骤

1. 收集细胞　取适量的对数生长期细胞接种于6孔板中，在相应的条件下(如药物)处理相应时间后，倒去培养基，用胰酶适度消化细胞，离心收集细胞，弃去上清。

2. 清洗及固定细胞　用PBS清洗细胞2次，吸净离心管残余的PBS后，加入300 μL PBS重悬，将细胞吹散，避免细胞成团。随后将细胞悬液逐滴滴入700 μL无水乙醇(预冷)，即用70%～75%的乙醇固定细胞，然后4 ℃固定过夜。

3. 洗涤细胞　次日离心收集细胞，用移液枪吸走上清，然后用1 mL PBS重悬细胞并离心清洗2～3遍。

4. RNA酶消化和PI染色　在避光条件下，每个样品加入1 mL避光RNase(10 mg/mL)和5 mL(5 mg/mL)PI混匀后室温避光条孵育30 min。

5. 上机检测　将检测样品转移到5 mL的流式管后用流式细胞仪检测细胞周期，采用modifit软件进行DNA含量分析。

五 数据分析

常用的流式检测法分析细胞周期是根据细胞DNA含量(横坐标)结合纵坐标的细胞数量来分析的，图中为乳腺癌细胞系T47D细胞周期分布。

流式细胞仪检测细胞周期结果图

1. G0/G1期　指流式检测结果图的第1个峰；G1期是DNA含量最少的时期，DNA复制还没有开始；G0期是细胞静止期，不复制DNA，无法与G1期分开，所以报告为G0/G1期。

2. S期　在流式结果图中显示为第2个不高但很宽的峰；此时期细胞开始复制到完成复制，是一个一倍DNA到二倍DNA的过程。

3. G2/M期　流式检测结果图的第3个峰。G2期是DNA复制完成至分裂的一段时间，此时细胞内含二倍DNA；M期是细胞分裂的过程，因此时细胞内是二倍DNA，无法与G2期分开，所以报告为G2/M期。

4. 各时期比值　Dip G1:45.66% at 49.04表示G1期DNA含量平均值为49.04，占细胞总数的45.66%。同理，Dip G2:15.12% at 98.08则表示G2期DNA含量平均值为98.08，占细胞总数的15.12%。以此类推，可以得知S期和G2/G1期的百分比。

5. CV　表示峰的变异系数，一般CV越小，峰形越好，越尖锐；能控制在5%左右是比较好的结果，一般小于10%就被认可了。

6. Debris　表示细胞碎片，越少越好。

7. 其他　Aggregates:表示细胞聚集体；Modeled events:表示仪器检测到的总细胞

数;All cycle events:表示在细胞周期中分析的细胞数(即排除了细胞碎片和聚集体)。

六 注意事项

1.一般情况下,在细胞周期中分析的细胞数应达到$(1\sim3)\times10^4$才具有统计学意义。因此,单次流式细胞仪检测细胞周期时,1份样品的细胞数量至少为10^6个。

2.细胞培养时间:一般药物的处理时间最好是大于细胞增殖一代的周期,可根据具体细胞分裂时间决定,如乳腺癌细胞一般处理24 h。

3.由于流式分析时需要的是单个细胞悬液,因此在操作中须充分混匀细胞。细胞固定后,不可过度吹打细胞,以免产生过多的细胞碎片。

4.细胞可以长期保管在-20 ℃下,可存放1个月,染色不会受影响;用PBS重悬细胞时,动作要轻柔。此外,离心速度(1 200 r/min)不要过快以免造成细胞的破裂。

5.上机检测时,必须重悬成细胞悬液后再检测,否则容易堵塞仪器管道;如果细胞过多或聚团严重,可先用300目(孔径40~50 μm)尼龙网过滤,然后再上机检测。

6.不可以直接用70%~75%的乙醇固定,直接70%~75%乙醇加入很容易导致细胞聚团现象,很难重悬成单细胞,影响固定效果,甚至容易导致固定后无细胞沉淀的现象。正确做法是:待细胞充分分散成单细胞后,缓慢地滴入无水乙醇中,使其终浓度为70%~75%乙醇。

7.上机细胞量过少,导致无法获取结果时,首先,要保证收集足够的细胞样品,如果药物处理后细胞死亡过多,应该降低药物浓度;其次,固定细胞时先用预冷的PBS重悬细胞,再逐滴滴入无水乙醇中,细胞清洗时,不可过度吹打细胞,以防产生过多的细胞碎片;最后,尽量采用尖底的离心管和水平的离心机,离心后尽量用移液枪吸走上清,不要倾倒,残留一点,不要吸完。

8.G2/M期细胞的DNA含量是G1期的2倍,在直方图上形成一个2倍于G1信号峰的高峰;变异系数(CV)表示峰的宽度,CV值越小,峰形越好,最好是在5%左右,一般小于10%也被认可。快速细胞分光光度计数值(RCS)最好是在1~3,高于5则不被认可。RCS高,说明数据的分布和软件所建立模型的预期值的差别比较大,可能由于处理细胞的时候RNA酶消化不好,或者是PI的浓度不佳造成的。

9.变异系数反映G0/G1峰分辨率和精确度。而样品CV值为样品固有,与样本制备过程中细胞质量有关。细胞碎片越少、细胞聚团越少、RNA酶消化越充分,可以减少样本的CV值,提高G0/G1峰分辨率和精确度。

第八节 免疫组织化学染色

一 实验原理

免疫组织化学染色是引入附有标记物的外源性抗体(或抗原),使之锚定于组织或细胞标本中相应的抗原(或抗体)部位,标记物经呈色反应而显示待检抗原(或抗体)。用荧光抗体对细胞、组织切片或其他标本中的抗原(或抗体)进行鉴定和定位检测,可在荧光显微镜下直接观察实验结果,或是应用流式细胞仪进行自动分析检测。

免疫学的基本原理决定了抗原与抗体之间的结合具有高度特异性,因此,免疫组化从理论上讲也是组织细胞中抗原的特定显示,如角蛋白(keratin)显示上皮成分,白细胞共同抗原(LCA)显示淋巴细胞成分。只有当组织细胞中存在交叉抗原时才会出现交叉反应。

在应用免疫组化的起始阶段,由于技术上的限制,只有直接法、间接法等敏感性不高的技术,那时的抗体只能稀释几倍、几十倍;现在由于 ABC 法或 SP 法的出现,抗体稀释上千倍、上万倍甚至上亿倍仍可在组织细胞中与抗原结合,这样高敏感性的抗体抗原反应,使免疫组化方法越来越方便地应用于常规病理诊断工作。

该技术通过抗原抗体反应及呈色反应,可在组织和细胞中进行抗原的准确定位,因而可同时对不同抗原在同一组织或细胞中进行定位观察,这样就可以进行形态与功能相结合的研究,对病理学研究的深入是十分有意义的。

二 实验材料

(一)仪器

18 cm 不锈钢高压锅或电炉或微波炉,水浴锅。

(二)试剂

1. PBS 缓冲液　pH 值 7.2 ~7.4。

2. 0.01 mol/L 柠檬酸钠缓冲液　柠檬酸三钠 3 g，柠檬酸 0.4 g。

3. 0.5 mol/L EDTA 缓冲液　700 mL 水中溶解 186.1 g EDTA。H_2O_2用 10 mmol/L NaOH 调至 pH 值 8.0，加水调至 1 000 mL。

4. 1 mol/L 的 TBS 缓冲液（pH 值 8.0）　在 800 mL 水中溶解 121 g Tris 碱，HCl 调至 pH 值 8.0，加水 1 000 mL。

5. 酶消化液　①0.1% 胰蛋白酶：用 0.1% $CaCl_2$（pH 值 7.8）配制。②0.4% 胃蛋白酶液：用 HCl 配制。

6. 3% 甲醇-H_2O_2溶液　用 30% 的 H_2O_2和 80% 的甲醇溶液配制。

7. 封裱剂　甘油和 0.5 mmol/L 碳酸盐缓冲液（pH 值 9.0 ~ 9.5）等量混合，再与 TBS（PBS）配制。

8. TBS/PBS　pH 值 9.0 ~ 9.5，适用于荧光显微镜标本；pH 值 7.0 ~ 7.4 适合光学显微镜标本。

9. 抗原修复液配制　A 液，柠檬酸三钠-H_2O_2，29.41 g，蒸馏水滴定至 1 L。B 液，柠檬酸 21 g，蒸馏水滴定至 1 L。工作液配制：A 液 82 mL 与 B 液 18 mL 混匀，用蒸馏水滴定至 1 L。

10. DAB 溶液配制　储备液（DAB 25 mg/mL）的配制：DAB 250 mg + PBS 10 mL，待完全溶解后分装成 1、20、50、100 mL，-20 ℃下冻存。工作液：DAB 储备液 20 mL + PBS 1 000 mL + 3% H_2O_2 5 mL。

三 实验步骤

1. 脱蜡和水化　脱蜡前应将组织芯片在室温中放置 60 min 或 60 ℃恒温箱中烘烤 20 min。组织芯片置于二甲苯中浸泡 10 min，更换二甲苯后再浸泡 10 min；无水乙醇中浸泡 5 min；95% 乙醇中浸泡 5 min；75% 乙醇中浸泡 5 min。

2. 抗原修复　用于福尔马林固定的石蜡包埋组织芯片。方法有如下 3 种。

（1）高压热修复：在沸水中加入 EDTA（pH 值 8.0）。盖上不锈钢锅盖，但不能锁定。将芯片置于金属染色夹上，缓慢加压，使芯片在缓冲液中浸泡 5 min，然后将盖子锁定，小阀门将会升起来。10 min 后除去热源，置入凉水中，当小阀门沉下去后打开盖子。此方法适用于较难检测或核抗原的抗原修复。

（2）沸热修复：电炉或水浴锅加热 0.01 mol/L 柠檬酸钠缓冲液（pH 值 6.0）至 95 ℃左右，放入组织芯片加热 10 ~ 15 min。

（3）微波炉加热：在微波炉里加热 0.01 mol/L 柠檬酸钠缓冲液（pH 值 6.0）至沸腾后将组织芯片放入，断电，间隔 5 ~ 10 min，反复 1 ~ 2 次。

3. 酶消化方法　常用 0.1% 胰蛋白酶和 0.4% 胃蛋白酶液。胰蛋白酶使用前预热 37 ℃，消化时间为 5 ~ 30 min。适用于被固定遮蔽的抗原。

4. 免疫组化染色SP法　脱蜡、水化；PBS洗2～3次各5 min；3% H_2O_2（80%甲醇）滴加在TMA上，室温静置10 min；PBS洗2～3次各5 min；抗原修复；PBS洗2～3次各5 min；滴加正常山羊血清封闭液，室温20 min，除去多余液体；滴加一抗50 μL，室温静置1 h或4 ℃过夜或37 ℃，1 h；4 ℃过夜后须在37 ℃复温45 min；PBS洗3次，每次2 min；滴加二抗45～50 μL，室温静置或37 ℃，1 h；二抗中可加入0.05%的tween-20；PBS洗3次各5 min；DAB显色5～10 min，在显微镜下掌握染色程度；PBS或流水冲洗10 min；苏木精复染2 min，盐酸乙醇分化；流水冲洗10～15 min；脱水、透明、封片、镜检。

5. SABC法　脱蜡、水化；PBS洗2次各5 min；用蒸馏水或PBS配制新鲜的3% H_2O_2，室温封闭5～10 min，用蒸馏水洗3次；抗原修复；PBS洗5 min；滴加正常山羊血清封闭液，室温20 min，除去多余液体；滴加一抗50 μL，室温静置1 h或4 ℃过夜或37 ℃ 1 h；PBS洗3次各2 min；滴加生物素化二抗，20～37 ℃ 20 min；PBS洗3次各2 min；滴加试剂SABC，20～30 ℃ 20 min；PBS洗4次各5 min；DAB显色：试剂盒或自配显色剂显色；脱水、透明、封片、镜检。

6. 石蜡切片免疫组化染色　石蜡切片染色前应置60 ℃ 1 h；二甲苯Ⅰ、Ⅱ，各10 min；乙醇梯度：100% 2 min，95% 2 min，80% 2 min，70% 2 min；蒸馏水洗：5 min，2次（置于摇床）；过氧化氢封闭内源性过氧化物酶：3% H_2O_2，室温10 min（避光）；蒸馏水洗：5 min，2次（置于摇床）；抗原修复：根据待检测的抗原，选择适当的方法；随后用酶消化处理；PBS：5 min，2次（置于摇床）；正常血清封闭：从染片缸中取出切片，擦净切片背面水分及切片正面组织；周围的水分（保持组织呈湿润状态），滴加正常山羊或兔血清（与第二抗体同源动物血清）处理，37 ℃，15 min。滴加第一抗体：用滤纸吸去血清，不洗，直接滴加第一抗体，37 ℃ 2 h（也可置于4 ℃冰箱过夜）；PBS：5 min，2次（置于摇床）；滴加生物素化的二抗，37 ℃ 40 min；PBS：5 min，2次（置于摇床）；滴加三抗（SAB复合物），37 ℃ 40 min；PBS：5 min，2次（置于摇床）；DAB显色，镜下观察，适时终止；流水（细水）充分冲洗；苏木素复染，室温，30 s，流水冲洗；流水冲洗返蓝，15 min；梯度乙醇脱水：80% 2 min，95% 2 min，100% 5 min 2次；二甲苯透明：Ⅰ，Ⅱ（二甲苯）各5 min；封片：加拿大树胶（或中性树胶）封片。

7. 细胞爬片的免疫组化染色　取出细胞爬片，迅速置入冷丙酮固定20～30 min；蒸馏水浸泡5 min，2次；打孔液浸泡5 min；蒸馏水浸泡5 min，2次。后接前述实验步骤6正常血清封闭（注：前述实验仅用于检测细胞内抗原，检测细胞膜抗原时不用）。

8. 冰冻切片的免疫组化染色　新鲜组织立即在恒冷冰冻切片机内切片（也可-80 ℃保存），厚度为5～6 mm；载玻片可不打底，裱片后，立即用电吹风吹干；如不马上染色，可密封后-20 ℃保存；染色前用冷丙酮在4 ℃固定10～20 min；PBS洗2次，每次5 min（必要时应用0.1%柠檬酸钠+0.1% triton打孔）；3% H_2O_2灭活内源性过氧化物酶，20 min，避光；用PBS洗2次，每次5 min；随后同样重复前述实验步骤6、7，正常血清封闭。

四 常见问题

1. 染色过强 抗体浓度过高或孵育时间过长降低抗体滴度、抗体孵育时间;室温1 h 或4 ℃过夜;孵育温度过高超过37 ℃,一般在室温20 ~28 ℃;DAB 显色时间过长或浓度过高,显色时间不超过5 ~12 min,以显微镜下观察为准。

2. 存在非特异性背景染色 操作过程中冲洗不充分,每步冲洗3 次,每次5 min;组织中含过氧化物酶未阻断,可再配置新鲜3% H_2O_2封闭孵育时间延长;血清蛋白封闭不充分,延长血清蛋白封闭时间。

3. 染色弱 抗体浓度过低、孵育时间过短,提高抗体浓度、孵育时间不能少于60 min,试剂超过有效使用时间,应更换试剂;操作中添加试剂时缓冲液未沥干,每步滴加试剂前沥干切片中多余的缓冲液使试剂稀释(应防止切片干燥);室温太低,低于15 ℃,要改放在37 ℃孵育箱孵育30 ~60 min 或4 ℃冰箱过夜;蛋白封闭过度,封闭不要超过12 min。

4. 染色阴性 操作步骤错误,应重试,设阳性对照;组织中无抗原,设阳性对照以验证试验结果;一抗与二抗种属连接错误,仔细确定一抗二抗种属无误。

5. 抗原修复注意事项 组织不能干;选择抗原修复方法要因抗体而异;抗原修复后至DAB 显色的过程中,均需用PBS 缓冲液。

五 技术关键

1. 组织处理 恰当的组织处理是做好免疫组化染色的先决条件,也是决定染色成败的内部因素,在组织细胞材料准备的过程中,不仅要求保持组织细胞形态完整,更要保持组织细胞的抗原性不受损或弥漫,防止组织自溶。如果出现自溶坏死的组织,抗原已经丢失,即使用很灵敏的检测抗体和高超的技术,也很难检出所需的抗原,反而往往由于组织的坏死或制片时的刀痕挤压,在上述区域易出现假阳性结果。

(1)组织及时取材和固定:组织标本及时的取材和固定是做好免疫组化染色的关键第一步,是有效防止组织自溶坏死,抗原丢失的开始,离体组织应尽快地进行取材,最好2 h 内,取材时所用的刀应锐利,要一刀下去切开组织,不可反复切拉组织,造成组织的挤压,组织块大小要适中,一般在2.5 cm×2.5 cm×0.2 cm,切记取材时组织块宁可面积大、千万不能厚的原则(也就是说组织块的面积可以达到3 cm×5 cm,但组织块的厚度千万不能超过0.2 cm,否则将不利于组织的均匀固定)。固定液快速渗透到组织内部使组织蛋白能在一定时间内迅速凝固,从而完好的保存抗原和组织细胞形态。

对于固定液的选择,原则上讲,应根据抗原的耐受性来选择相应的固定液,但除非是专项科研项目，在病理常规工作中很难做到这一点，因为病理的诊断和鉴别诊断都是在常规免疫组化病理诊断的基础上决定是否进行免疫组化的染色，而免疫组化染色的常规组织处理是采用10%的中性缓冲福尔马林或4%缓冲多聚甲醛4倍于组织体积进行组织固定，利用其渗透性强，对组织的作用均匀进行固定，但组织固定时间最好在12 h内，一般固定时间不应超过24 h。随着固定时间的延长对组织抗原的检出强度将逐渐降低。

(2)组织脱水、透明、浸蜡：组织经固定后进行脱水、透明、浸蜡和包埋。掌握原则是脱水、透明要充分但不能过，浸蜡时间要够，温度不能高，否则造成组织的硬脆使组织切片困难，即使能切片，由于组织的硬脆，也使切片不能完好平整，染色过程中极易脱片，对免疫组化染色抗原的定位及背景都不利，所以无水乙醇脱水和二甲苯透明的时间不宜过长，正常大小的组织无水乙醇脱水1 h，二甲苯透明1 h即可，浸蜡及包埋石蜡温度不要超过65 ℃。

2. 切片 组织得到很好处理后在进行切片之前还应对玻璃片进行处理，由于检测抗原是多种多样的，因染色操作程序复杂，时间较长，有些抗原需进行各种抗原修复处理，如微波、高压、水溶酶等，玻片如果得不到很好地处理，将易造成脱片，为保证免疫组化实验的正常进行，要求在贴片前对载玻片作适当处理，必须在清洗干净的玻片上进行黏合剂的处理以防脱片。

(1)多聚左旋赖氨酸(Poly-L-Lysine)：一般采用分子量30 000左右的0.5%多聚赖氨酸最好，也可用试剂公司出售的其浓溶液以1∶10去离子水稀释。方法是将玻片浸泡其中，倾尽余液，在60 ℃温箱中烤干备用，此方法的优点是可以用于多种组织化学、免疫组化及分子学检测中的应用，粘贴效果最好，但价格稍贵。

(2)明胶硫酸铬钾法：将2.5 g明胶加热溶于500 mL蒸馏水中，完全溶解冷却后加入0.25 g硫酸铬钾搅匀充分溶解即可使用。方法是将玻片浸泡其中2 min，取出，除尽液体入温箱中烤干备用。此法价格便宜、方法简单，任何实验都可以使用，特别适用于大批量的使用，但应注意，如果液体变蓝或黏稠状停用。

(3)3-氨丙基-乙氧基甲硅烷(APES)：此法必须现用现配。将洗净玻片放入1∶50丙酮稀释的APES中，浸泡20 s，取出稍停再加入丙酮或蒸馏水中除去未结合的APES，晾干即可。用此方法黏合的玻片应垂直烤片不能平烤，否则组织片中易出现气泡。切片必须保持切片刀锐利，切片要薄而平整、无皱褶、无刀痕，如有上述问题的切片在进行免疫组化染色时都将出现假阳性现象，切片厚度一般为3～4 μm，切好的切片在60 ℃温箱中过夜，注意烤片的温度不宜过高，否则易使组织细胞结构破坏，而产生抗原标记定位弥漫现象。

六　注意事项

1. 去除内源酶及内源性生物素　一般进行免疫组化标记的都是一些生物体组织，其中自身含有一定量的内源酶和内源性生物素，而免疫组化各种染色大部分是用过氧化物酶来标记抗体的，酶的作用是催化底物，使显色剂显色，而组织中的内源性酶同样也能催化底物，使其显色，这就影响免疫组化的特异性，所以在标记抗体的过氧化酶进入组织切片之前就应设法将组织内的内源性各种酶灭活，以保证免疫组化染色在特异性情况下进行。

(1)去除内源酶：常用的去除内源性酶的方法是3%过氧化氢水溶液。但在含有丰富血细胞的标本中，由于其中含有大量的具有活性的过氧化物酶，能与过氧化氢反应，出现气泡现象，易对组织结构和细胞形态产生一些不良影响，用3%过氧化氢的方法，能够去除大部分内源性酶，即使有些血细胞在显色后也出现棕黄色反应，但由于其形态结构与组织细胞不同，也易鉴别，而且此方法比较通用易操作，但应注意过氧化氢的浓度不能过高，一般为3%～5%，时间不宜过长，最好室温10 min。

(2)去除内源性生物素：在正常组织细胞中也含有生物素，特别是肝、脾、肾、脑、皮肤等组织中，在应用亲和素试剂的染色中，内源性生物素易结合卵白素，形成卵白素-生物素复合物，导致假阳性，所以在采用生物素方法染色前也可以将组织切片进行0.01%卵白素溶液室温处理20 min，使其结合位点饱和，以消除内源性生物素的活性。

2. 抑制非特异性背景着色　非特异性着色最常见的情况是抗体吸附到组织切片中高度荷电的胶原和结缔组织成分上，而出现背景着色，为了防止这种现象，最好用特异性抗体来源的同种动物灭活的非免疫血清在特异性抗体之前进行处理，以封闭荷电点，不让一抗与之结合，但这种方法一般实验室很难实现，一般常见实用的血清是2%～10%羊血清或2%牛血清白蛋白在室温下作用10～30 min即可，但应注意此种结合是不牢固结合，所以最好不要冲洗，倾去余液直接加一抗，对于多克隆抗体来讲，易产生背景着色，在稀释特异性抗体时可采用含1%非免疫血清的pH值7.4的PBS液。

3. 缓冲液　免疫组化染色标记是对生物体组织抗原进行标记，抗原抗体最适合的pH值为7.2～7.6，最常用的是0.01 mol/L pH值7.4的磷酸缓冲液。简易配法：5 000 mL蒸馏水中分别加入1 g NaH_2PO_4、15.6 g Na_2HPO_4、42.5 g NaCl。但如果是采用碱性磷酸酶(AP)作为标记物底物的方法时可以用0.02 mol/L TBS pH值8.2缓冲液比较好。

4. 抗原修复　甲醛固定的部分组织细胞，可使免疫组化标记敏感性明显降低，这是因为甲醛固定过程中形成醛键或保存的甲醛会形成羧甲基而封闭部分抗原决定簇。因此，在染色时，有些抗原须先进行修复或暴露。抗原修复方法可分为化学方法和物理方法。化学方法是以酶消化方法,常用胰蛋白酶及胃蛋白酶,配制浓度与消化时间要适度。常用的物理方法有单纯加热、微波处理和高压加热。在选用这 3 种加热法时,浸泡切片的缓冲液的离子强度和 pH 值、加热的温度和时间均影响着抗原修复效果。目前最常用的修复方法有如下几种。

(1)胰蛋白酶(trpsin):主要用于细胞内抗原的修复。一般使用浓度为 0.1%,37 ℃作用 10 min。配法:0.1 g 胰蛋白酶加入到 0.1% pH 值 7.8 的 $CaCl_2$(无水)水溶液中溶解后即可。

(2)胃蛋白酶(pepsin):主要用于细胞间质或基底膜抗原的修复。一般浓度为 0.4%,37 ℃作用30 min。配法:0.4 g 胃蛋白酶溶于 0.1 mol/L HCl 水溶液中。

(3)热引导的抗原决定簇修复(heat induced epitope retrieval,HIER):HIER 对大多数的抗体有益,尤其是对核抗原的修复作用更加明显,最常用的抗原修复液是 pH 值 6.0 的柠檬酸缓冲液和 pH 值 8.0 的 EDTA 缓冲液,它们的作用原理是通过钠离子的螯合而实现的。抗原修复液的 pH 值非常重要,有效的抗原修复 pH 值要比修复液的化学成分更重要,同样的修复液随着 pH 值的升高染色的强度逐渐增强,但最佳 pH 值范围为 6.0~10.0,对于大多数抗原这个范围的 pH 值都能进行有效地修复,有些抗体(如 Ki-67、ER)则在 pH 值 1.0~3.0 和 6.0~8.0 更为有效。作为通用修复液碱性 pH 值的修复液要比酸性的有效,而对固定很长时间旧的存档组织,酸性 pH 值的修复液则优于碱性的修复液,所以两种抗原修复液可相互替补的进行抗原修复。在进行 HIER 过程中应防止切片的干燥,加热时必须达到规定的温度,保温时间要足够,对于一些不要抗原修复的抗体最好不要采用 HIER 处理,否则对染色无益,但有些抗体则需要利用多种修复联合应用。

5. 显色 免疫组化染色的显色是最后的关键问题,一般 HRP 的检测系统选用 DAB 或 AEC 显色系统进行显色。但要得到最佳的显色效果,必须在镜下严格控制,以检出物达到最强显色而背景无色为最终点,尤其 DAB 显色时间短着色浅,时间长背景又深,都将影响结果判断,根据经验 DAB 在配制完后宜放置 30 min 以内,过时不能使用,DAB 加到组织切片时作用时间最长不宜超过 10 min(最好在 5 min 内),否则不管有无阳性都应终止反应。对一些含有内源性酶较高的组织用 DAB 显色时极易出现背景色,更应尽早在镜下控制,以达到最佳的分辨效果(棕色)。AEC 显色系统(红色)的弊端是易溶于有机溶剂,所以封片时应以水性封片剂为主,同时染色的切片也不能久存。如果是碱性磷酸酶(AP)最好选用 NBT/BCIP 作为显色系统(结果染为蓝黑色)。

6. 结果判断 一种方法是以检测结果阳性细胞指数来定性(如核抗原的标记),判断方法是以一个视野中的阳性细胞数与总细胞的百分比,再取 10 个相同视野算取平均指数;另一种方法是以染色阳性强度和阳性检出率相结合而定,一般阳性细胞数在 0~25 为阴性,25~50 为+,50~75 为++,75 以上为+++。此种判定方法容易出现人为误差现象;最好能用图像分析系统进行结果检测定量分析更为准确。一切判定方法都是力求使免疫组化染色结果判断更标准,但各单位采取的标准不尽相同,所以判断标准化问题还有待长期实践中病理学术界商讨判定。

7. 免疫组化中常见的抗原表达模式　①细胞质内弥漫性分布，多数胞质型抗体的反应如此，如细胞角蛋白(cytokeratin，CK)和波形蛋白(vimentin)等。②细胞核周的胞质内分布，其判别要点是细胞核的轮廓被勾画得很清楚，如CD3多克隆抗体的染色。③胞质内局限性点状阳性，如CD15抗体的染色。④细胞膜线性阳性，大多数淋巴细胞标记的染色如此，如CD20、CD45RO。⑤细胞核阳性，如Ki-67及雌、孕激素受体蛋白等。一种抗体可同时出现细胞质和细胞膜的阳性表达，如EMA可呈膜性和胞质内弥漫性阳性反应；CD30抗体可同时呈膜性和胞质内点状阳性反应等。

8. 对照组的设置　免疫组化的质量取决于正确使用各种对照，没有对照的免疫组化结果是毫无意义的。对照包括阴性对照、阳性对照和自身对照。在实践中可用染色组织切片中不含抗原的组织作为阴性对照，而用含抗原的正常组织作阳性对照，这种自我对照具有节约的意义。观察染色结果时，先观察对照组织的结果，如阳性对照组织中阳性细胞呈强阳性，阴性对照细胞呈阴性，内源酶阴性，背景无非特异性染色时，表明本次实验的全部试剂和全过程技术操作准确无误，待检组织中的阳性细胞也就是可信的正确结果。免疫组化染色中对照的设置非常重要，它是判断染色是否成功的关键依据，而且也是检测每一个抗体的质量标准，常设的对照如下，一般实验最常用的是第2种方法。

(1)空白对照(阴性对照)：第一抗体由PBS或非免疫血清取代。

(2)阳性对照：用已知含有要检测抗原的切片作阳性对照。

(3)回收实验阴性对照：已知抗原与相应的第一抗体混合，发生结合沉淀，再用此沉淀抗体复合物进行免疫组化实验，结果为阴性。

(4)替代对照：用于第一抗体同种动物的血清或无关抗体代替第一抗体结果为阴性。

(5)自身对照：在同一切片上，应将不同组织成分中的阳性或阴性结果与检测的目的物对照比较。如果应为阳性的组织是阳性，则免疫组化技术正确，如为阴性，则表明染色技术有问题或免疫试剂质量有问题。

第四章 Western blot 实验技术

蛋白免疫印迹法(Western blot)是一种将高分辨率凝胶电泳和免疫化学分析技术相结合的杂交技术,用来检测特定样本或提取物中的某种特定蛋白。此技术首先利用电泳技术将不同分子量蛋白分离,然后转移至硝酸纤维素(NC)膜或聚偏二氟乙烯(PVDF)膜上,利用抗原抗体结合并染色的原理,检测特定蛋白的表达量。免疫印迹法是生物学中最常用的一种实验手段,内容主要包括蛋白样品制备、蛋白定量、蛋白质电泳、转膜、抗体杂交、发光检测或荧光扫描。

第一节 蛋白样品制备

一 实验目的及原理

(一)实验目的

蛋白样品制备的目的是为SDS-聚丙烯酰胺凝胶电泳制备蛋白样品。实验的重要性:蛋白样品制备是 Western blot 实验第一步,也是最重要的一步,是决定实验成败的关键步骤。

(二)实验原理及制备原则

实验原理是使用低渗的细胞裂解液裂解细胞,从而获得细胞总蛋白,然后经上样缓冲液处理获得适用于电泳的蛋白样品。实验制备原则:方法应标准化,具有重现性、可靠性及简便性;尽量抽提完全;应使所有蛋白全部处于溶解状态;防止发生蛋白的降解、聚集、沉淀与变性;防止在抽提过程中发生化学修饰;如需做2D则须去除高丰度蛋白或无关蛋白;必要时去除样品中的核酸和某些干扰蛋白。

二 实验材料

1×PBS 缓冲液,细胞裂解液,培养的细胞或组织块,上样缓冲液,细胞刮,EP 管,移液器,研钵或匀浆器(组织提取用),加热器和离心机。

三 实验步骤

实验步骤分为单层贴壁细胞、组织中和加药物处理的贴壁细胞总蛋白的提取,下面分别介绍。

(一)单层贴壁细胞总蛋白的提取

1. 倒掉培养液,并将瓶倒扣在吸水纸上使吸水纸吸干培养液(或将瓶直立放置一会儿使残余培养液流到瓶底然后再用移液器将其吸走)。

2. 每瓶细胞加 3 mL 4 ℃预冷的 PBS(0.01 mol/L pH 值 7.2 ~7.3)。平放,轻轻摇动 30 s 洗涤细胞,然后弃去洗液。重复以上操作 2 次,共洗细胞 3 次以洗去残余培养液。用预冷的细胞刮刀将贴壁细胞从培养皿上刮下,然后轻轻将细胞悬液转移到预冷的小离心管中,4 ℃持续振荡 30 min,4 ℃预冷微型离心机中 16 000 r/min 离心 20 min,从离心机中轻轻地取出离心管放置在冰上,将上清液吸出转移到预冷的新管(放在冰上)中,弃沉淀。

3. 按 1 mL 裂解液加 10 μL 苯甲基磺酰氟(PMSF)(100 mmol/L),摇匀置于冰上。(PMSF 要摇匀至无结晶时才可与裂解液混合。)

4. 每瓶细胞加 200 μL 含 PMSF 的裂解液,于冰上裂解 30 min,为使细胞充分裂解培养瓶要经常来回摇动。

5. 裂解完后,用干净的刮棒将细胞刮于培养瓶的一侧(动作要快),然后用枪将细胞碎片和裂解液移至 1.5 mL 离心管中(整个操作尽量在冰上进行)。

6. 于 4 ℃下 12 000 r/min 离心 5 min(提前打开离心机预冷)。

7. 将离心后的上清分装转移到 0.5 mL 的离心管中放于-20 ℃ 保存。

(二)组织中总蛋白的提取

1. 事先准备好碎冰,干净的匀浆器插在冰上。准备好各种枪头、移液器、EP 管、切组织用的手术刀、干净的玻璃板和事先制备好的裂解液(根据实验需要加入适量的蛋白酶抑制剂)等。

2. 将少量组织块置于 1 ~2 mL 匀浆器中球状部位,用干净的剪刀将组织块尽量剪碎。加 400 μL 单去污剂裂解液(含 PMSF)于匀浆器中进行匀浆。然后置于冰上。

3. 几分钟后再碾一会儿再置于冰上,要重复碾几次使组织尽量碾碎。

4. 裂解 30 min 后,即可用移液器将裂解液移至 1.5 mL 离心管中,然后在 4 ℃ 下 12 000 r/min 离心 5 min,取上清分装于 0.5 mL 离心管中并置于-20 ℃ 保存。

(三)加药物处理的贴壁细胞总蛋白的提取

由于受药物的影响,一些细胞脱落下来,所以除按上述(一)之 1. 操作外还应收集培养液中的细胞。以下是培养液中细胞总蛋白的提取方法。

1. 将培养液倒至 15 mL 离心管中,于 2 500 r/min 离心 5 min。

2. 弃上清,加入 4 mL PBS 并用枪轻轻吹打洗涤,然后 2 500 r/min 离心 5 min。弃上清后用 PBS 重复洗涤 1 次。

3. 用枪吸干上清后,加 100 μL PMSF 裂解液冰上裂解 30 min,裂解过程中要经常弹一弹以使细胞充分裂解。

4. 将裂解液与培养瓶中裂解液混在一起 4 ℃ 12 000 r/min 离心 5 min,取上清分装于 0.5 mL 离心管中并置于-20 ℃ 保存。

四 结果分析

好的制备样品应无蛋白降解、无交叉污染、蛋白浓度不能过低,样品量不能过少。

五 注意事项

1. 临床组织样本尽量避免切去带有大量血液的组织,含血量太大的组织应用 PBS 清洗干净,收集到的组织样本应尽快放到液氮中冻存,以减少蛋白降解。细胞应选择活力较好的细胞。

2. 提取蛋白时应预先估算检测蛋白的含量,然后再决定取组织块的大小或细胞的量,从而决定加多少裂解液。标本的来源、储存的质量、标本重量以及裂解的效率都会影响最后总蛋白的浓度。

3. 细胞中蛋白本来就很少,一瓶 5 mL 的细胞有时按照实验要求只能加 100 ~ 200 μL的裂解液,按照上述操作,直接用 200 μL 裂解液进行裂解,根本就不够瓶壁上沾的。如果数瓶同种细胞是收集同种蛋白的,可以放在同一试管中,离心后再将蛋白转移到 EP 管中,这样可操作性就比较强,减少损失。

4. 煮蛋白样品时,要盖紧离心管盖子,防止样品进入水而稀释或水分蒸发而被浓缩。

5. 制备好的样品存入冰箱前一定要做好标记，写清样品名称、提取日期等。

6. 避免蛋白降解：蛋白酶普遍存在，在提取蛋白质的步骤中，应戴手套操作，避免蛋白交叉污染，或是蛋白酶的污染。

7. 整个实验过程中，都要将蛋白样品置于冰上，防止蛋白变性。

8. 从母管中吸取不同的蛋白时，都要用新鲜的枪头，不要将未用的溶液倒回母管。

9. 避免剧烈的震荡，避免溶液中混入蛋白变性剂。

10. 实验的过程中应避免灰尘进入，灰尘包含 60% 的肌氨酸。

11. Uniprt 这个数据库提供了关于蛋白预测分子量，亚型分类，转录本种类及最初发现这个蛋白的一些参考文献，Abcam、Santa cruz 等著名抗体公司都有参考这个数据库进行抗体的设计。各种蛋白酶抑制剂的常用浓度见表 4-1。

表 4-1 各种蛋白酶抑制剂的常用浓度

试剂名称	终浓度	贮存液浓度	溶剂
PMSF	0.2 mmol/L	100 mmol/L	异丙醇
Na_3VO_4	0.1 mmol/L	100 mmol/L	ddH_2O
Aprotinin（抑肽酶）	15 μg/mL	10 mg/mL	ddH_2O
leupeptin（亮肽酶）	5 μg/mL	10 mg/mL	ddH_2O
pepstatin（抑胃酶素）	1 μg/mL	1 mg/mL	甲醇

注：PMSF 为苯甲基磺酰氟，有剧毒，请注意个人防护。一般蛋白的检测只用 PMSF 就行，如果蛋白容易降解，可适当加入所需的蛋白抑制剂，Na_3VO_4 用于对磷酸化形式的蛋白检测。

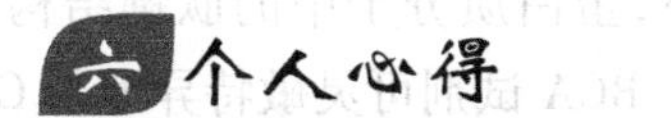

1. 刮细胞时应尽可能把细胞全部刮下来，研磨组织时应尽可能将组织研碎。

2. 细胞裂解液中要加入蛋白酶抑制剂，特别是当目的蛋白易于降解时。在进行组织蛋白提取时，应该尽量采用相同的裂解液和质量一致的各个标本的组织块（用天平称量）。如果标本质量相差较大，尽管理论上可以计算调整，但是常常会引起较大的误差，还要反复调节上样量，影响实验进度。

3. 标本比较珍贵，余下的组织要立即低温保存好。

第二节 蛋白定量

蛋白定量的方法有很多种，应用较多的主要有 2 种：BCA 蛋白定量检测法和 Bradford 蛋白定量检测法，市售的蛋白定量试剂盒也多基于上述 2 种检测方法而开发的。2 种方法均需配制蛋白标准品，蛋白与定量试剂经过一定时间的反应（BCA 法反应为 37 ℃、20～30 min，Bradford 法反应一般为 37 ℃、5 min），酶标仪读取样品的 OD 值，绘制蛋白标准曲线，依据标准曲线计算蛋白的浓度。2 种检测方法笔者均有使用经验，相比 BCA 法，Bradford 法不仅节省反应时间，也无须配置反应试剂，简单、快速、好用，笔者推荐 Bradford 法测定蛋白浓度。

一 实验目的及原理

（一）实验目的

实验目的是测定所得的蛋白样品的浓度，进而确定蛋白电泳的上样体积。

（二）实验原理

1. BCA 法　碱性条件下，蛋白质分子中的肽键结构能与 Cu^{2+} 结合生成紫色络合物，同时将 Cu^{2+} 还原为 Cu^{+}。BCA 试剂可灵敏特异地与 Cu^{+} 结合，形成稳定的有颜色的络合物，562 nm 处有最高的吸收值，可在 540～595 nm 测定其吸收值，颜色的深浅与蛋白质浓度成正比，与标准曲线对比，即可计算待测蛋白的浓度。

2. Bradford 法　考马斯亮蓝 G250，在游离状态下呈红色，最大光吸收在 488 nm；当它与蛋白质结合后变为青色，蛋白质-色素结合物在 595 nm 波长下有最大光吸收。其光吸收值与蛋白质含量成正比，因此可用于蛋白质的定量测定。蛋白质与考马斯亮蓝结合在 2 min 左右的时间内达到平衡，完成反应十分迅速；其结合物在室温下 1 h 内保持稳定。该法试剂配制简单，操作简便快捷，反应非常灵敏，可测定微克级蛋白质含量。

二　实验材料

1. BCA 法　未加入上样缓冲液的蛋白样品，细胞裂解液，蛋白标准品（30 mg BSA），0.9% NaCl、PBS 缓冲液、BCA 试剂、96 孔板、37 ℃卵箱、酶标仪、安装有统计软件和 office 软件的计算机。

2. Bradford 法　考马斯亮蓝（CBB），未加入上样缓冲液的蛋白样品，酶标仪、细胞裂解液、BSA，PBS 缓冲液印管，安装有 origin 软件的计算机。

三　实验步骤

（一）BCA 法

1. 蛋白标准品的准备

（1）取 1.2 mL 蛋白标准配制液加入到 1 管蛋白标准品（30 mg BSA）中，充分溶解后配制成 25 mg/mL 的蛋白标准溶液。配制后可立即使用，也可以-20 ℃长期保存。

（2）取适量 25 mg/mL 蛋白标准品，稀释至终浓度为 0.5 mg/mL。例如取 20 μL 25 mg/mL 蛋白标准品，加入 980 μL 稀释液即可配制成 0.5 mg/mL 蛋白标准品。蛋白样品在什么溶液中，标准品也宜用什么溶液稀释。但是为了简便起见，也可以用 0.9% NaCl 或 PBS 稀释标准品。稀释后的 0.5 mg/mL 蛋白标准可以-20 ℃长期保存。

2. BCA 工作液配制　根据样品数量，按 50 体积 BCA 试剂 A 加 1 体积 BCA 试剂 B（50∶1）配制适量 BCA 工作液，充分混匀。例如 5 mL BCA 试剂 A 加 100 μL BCA 试剂 B，混匀，配制成 5.1 mL BCA 工作液。BCA 工作液室温 24 h 内稳定。

3. 蛋白浓度测定

（1）将标准品按 0、1、2、4、8、12、16、20 μL 加到 96 孔板的标准品孔中，加标准品稀释液补足到20 μL，相当于标准品浓度分别为 0、0.025、0.05、0.1、0.2、0.3、0.4、0.5 mg/mL。

（2）加适当体积样品到 96 孔板的样品孔中。如果样品不足 20 μL，须加标准品稀释液补足到 20 μL。请注意记录样品体积。

（3）各孔加入 200 μL BCA 工作液，37 ℃放置 20～30 min。

注：也可以室温放置 2 h，或 60 ℃放置 30 min。BCA 法测定蛋白浓度时，颜色会随着时间的延长不断加深。并且显色反应会因温度升高而加快。如果浓度较低，适合在较高温度孵育，或适当延长孵育时间。

（4）用酶标仪测定 A562，或 540～595 nm 之间的其他波长的吸光度。

(5)根据标准曲线和使用的样品体积计算出样品的蛋白浓度。

(二)Bradford 法

考马斯亮蓝(CBB)测定蛋白质含量属于染料结合法的一种。

考马斯亮蓝在游离状态下呈红色,最大光吸收在 488 nm;当它与蛋白质结合后变为青色,蛋白质-色素结合物在 595 nm 波长下有最大光吸收。其光吸收值与蛋白质含量成正比,因此可用于蛋白质的定量测定。蛋白质与考马斯亮蓝结合在 2 min 左右的时间内达到平衡,完成反应十分迅速;其结合物在室温下 1 h 内保持稳定。该法试剂配制简单,操作简便快捷,反应非常灵敏,灵敏度比 Lowry 法还高 4 倍,可测定微克级蛋白质含量,测定蛋白质浓度范围为 0 ~ 1 000 μg/mL,是一种常用的微量蛋白质快速测定方法。

1. 准备材料　准备所需的药品和仪器。

2. 计算所需配制的溶液的量　先配制 1 mg/mL 的 BSA 母液,再往母液中加入 PBS 配制一组浓度分别为 1.0 mg/mL,0.8 mg/mL,0.6 mg/mL,0.4 mg/mL,0.2 mg/mL 的 BSA 溶液,再将这组溶液稀释 10 倍,得到一组浓度分别为 0.10 mg/mL,0.08 mg/mL,0.06 mg/mL,0.04 mg/mL,0.02 mg/mL 的 BSA 溶液。计算第一步稀释各组需要的 BSA 溶液及 PBS 溶液的体积。

3. 操作过程　用天平称量 1.00 g BSA,溶于去离子水中,配成 100 mL 的溶液,溶液的浓度为 10 mg/mL。用移液枪分别取 100 μL,80 μL,60 μL,40 μL,20 μL 的 BSA 溶液,置于 1.5 mL 的 EP 管中,再分别加入 900 μL,920 μL,940 μL,960 μL,980 μL 的 PBS 缓冲液配成 1 mL 的溶液,振荡使溶液混合均匀。得到一组浓度分别为 1.0 mg/mL,0.8 mg/mL,0.6 mg/mL,0.4 mg/mL,0.2 mg/mL的 BSA 溶液。

移液枪分别移取 100 μL 刚配好的 1 组 BSA 溶液,置于 1.5 mL 的 EP 管中,各加入 900 μL 的 PBS 溶液,振荡使溶液混合均匀。得到一组浓度分别为 0.10 mg/mL,0.08 mg/mL,0.06 mg/mL,0.04 mg/mL,0.02 mg/mL 的 BSA 溶液。另外量取 1 mL 的 PBS 溶液(BSA 溶液浓度为 0 mg/mL)作对照试验。

用移液枪分别移取 50 μL 配好的 1 组 BSA 溶液,滴加到孔板中,再分别加入 200 μL的考马斯亮蓝。静置 10 min 后,用酶标仪测得这组 BSA 溶液的吸光度。

4. 实验数据及处理　测得的 BSA 溶液的吸光度如下:用 origin 做出吸光度对 BSA 浓度的关系曲线。

四 结果分析

1. BCA 法　用梯度浓度的标准品测出的吸光度做出的曲线就是标准曲线。这个曲线的方程是 $y=ax+b$,也可能是更复杂的方程,其中 y 是浓度,x 是 OD 值。样本用酶标仪得到 OD 值(x),然后根据标准曲线方程,就能计算出浓度(y)。

2. Bradford 法 得到的吸光度对 BSA 浓度的关系曲线为 $y=ax+b$,计算 R 值。可以观察吸光度—浓度的关系曲线中 R_2 值的大小,即测得的吸光度与浓度的线性关系好坏,R_2 越大,线性关系越好。线性关系不好的原因可能有以下两点:一是移液枪的操作不是很熟练,二是移液枪在移液过程中存在着气泡,使移液的体积不准确。

五 注意事项

1. 蛋白浓度不能太高,如果超过了标准曲线的范围(比如 OD 值>2),那就测量不准了。不仅是本方法,所有基于浓度标准曲线的方法都是如此。当然也不能太低了。

2. 大约 10 年前就有文献报道测量双波长,即 A595 和 A450 的比值能够获得良好的线性关系并提高灵敏度,在 0.125~1.5 mg/mL 的范围内准确性不如二项式曲线拟合高。

3. 另外,标准品有可能发生降解导致浓度不准确,建议每次测量时加入一个已知浓度的样本作为校验。建议每次都加入一个 0.1~0.5 mg/mL 的 BSA 标准品,校验一下曲线是否准确。

4. 加入标准品的时候枪头一定不能有残留,否则容易引起较大误差,建议初学者刚开始时做 2~3 个标准品复孔。

5. 如果不能马上测量,建议换用 BCA 法。

六 个人心得

1. 处理数据时,回归方程相关系数如果偏低,这说明蛋白标准品配置误差较大,这是可以去掉明显异常的点,尽量得到符合要求的回归方程。

2. 当样品吸光度值远大于最大浓度标准品的吸光值时,应该加大稀释样品倍数;当样品吸光度值远小于最小浓度标准品的吸光值时,这是蛋白浓度过低,建议重新提取蛋白,增加收取细胞量和组织块的质量,同时也要注意实验过程中所加的细胞裂解液是否适量,另外蛋白保存时间过久,易发生降解。

第三节 蛋白质电泳

以SDS-聚丙烯酰胺凝胶电泳为例，使用垂直电泳装置。十二烷基硫酸钠聚丙烯酰胺凝胶电泳（sodium dodecyl sulfate polyacrylamide gelelectrophoresis，简称SDS-PAGE）是聚丙烯酰胺凝胶电泳中最常用的一种蛋白表达分析技术。此项技术的原理，是根据检体中蛋白质分子量大小的不同，使其在电泳胶中分离。在大肠杆菌表达纯化外源蛋白的实验中，SDS-PAGE更是必不可少的操作，其通常用于检测蛋白的表达情况（表达量，表达分布），以及分析目的蛋白的纯度等。

一 实验目的及原理

（一）实验目的

利用电场作用，分离不同分子量大小的蛋白。

（二）实验原理

蛋白中含有很多的氨基（+）和羧基（-），不同的蛋白在不同的pH值下表现出不同的电荷，为了使蛋白在电泳中的迁移率只与分子量有关，我们在上样前，通常会进行一些处理（加入上样缓冲液）。即在样品中加入含有SDS和β-巯基乙醇的上缓冲液。SDS即十二烷基磺酸钠[$CH_3—(CH_2)_{10}—CH_2OSO_3—Na^+$]，是一种阴离子表面活性剂，它可以断开分子内和分子间的氢键，破坏蛋白质分子的二级和三级结构；β-巯基乙醇是强还原剂，它可以断开半胱氨酸残基之间的二硫键。电泳样品加入样品处理液后，经过高温处理，其目的是将SDS与蛋白质充分结合，以使蛋白质完全变性和解聚，并形成棒状结构同时使整个蛋白带上负电荷；另外样品处理液中通常还加入溴酚蓝染料，用于监控整个电泳过程；另外样品处理液中还加入适量的蔗糖或甘油以增大溶液密度，使加样时样品溶液可以快速沉入样品凹槽底部。当样品上样并接通两极间电流后（电泳槽的上方为负极，下方为正极），在凝胶中形成移动界面并带动凝胶中所含SDS负电荷的多肽复合物向正极推进。样品首先通过高度多孔性的浓缩胶，使样品中所含SDS多肽复合物在分离胶表面聚集成一条很薄的区带（或称积层）。电泳启动时，蛋白样品处于pH值6.8的上层，pH值8.8的分离胶层在下层，上槽为负极，下槽为正极。出现了 pH 不连续和胶孔径大小不连续：启动时 Cl^- 解离度大，Pro^- 解离度居中，$—COO^-$ 解离度小，迁移顺序为（pH 值 6.8）$Cl^- > Pro^- > —COO^-$。在 Cl^- 与 Pro^- 之间和 Pro^- 与 $—COO^-$ 之间都将出现低离子区，同时也出现高电势，高电势迫使 Pro^- 向 Cl^- 迁移，$—COO^-$ 向 Pro^- 迁移。如：一个 Cl^- 领路，$—COO^-$ 推动，蛋白在中间，这样就起到浓缩的作用了。在浓缩胶运动中，由于胶联度小，孔径大，Pro^- 受阻小，因此不同的蛋白质就浓缩到分离胶之上成层，起浓缩效应，使全部蛋白质处于同一起跑线上。当蛋白质进入分离胶时，此时 Pro^-，Cl^-，甘氨酸离子在 pH 值 8.8 的溶液中，Cl^- 完全电离而很快到达正极，甘氨酸电离度加大很快跃过蛋白质，而到达正极，只有蛋白质分子在分离胶中较为缓慢地移动。由于 Pro^- 在电泳过程中，受到溶液离子的变化而 pH 值发生变化，但每一瞬间，其所带电荷数除以单位质量是不同的，所以带负电荷多者迁移快，反之则慢，这就出现了电荷效应。由于胶孔径小，而且成为一个整体的筛状结构，它们对大分子阻力大，小分子阻力小，起着分子筛效应，也就是蛋白质在分离胶中，以分子筛效应和电荷效应而出现迁移率的差异，最终达到彼此分开。

二 实验材料

（一）实验试剂

（1）30% 凝胶贮备液：丙烯酰胺（Acr）29.2 g，亚甲基双丙烯酰胺（Bis）0.8 g，加双蒸水至 100 mL。外包锡纸，4 ℃冰箱保存，30 d 内使用。

（2）分离胶缓冲液（1.5 mol/L）：Tris 18.17 g，加双蒸水溶解，6 mol/L HCl 调 pH 值 8.8，定容 100 mL。4 ℃冰箱保存。

（3）浓缩胶缓冲液（0.5 mol/L）：Tris 6.06 g，加水溶解，6 mol/L HCl 调 pH 值 8，并定容到 100 mL。4 ℃冰箱保存。

（4）电极缓冲液（pH 值 8.3）：SDS 1 g，Tris 3 g，Gly 14.4 g，加双蒸水溶解并定容到 1 000 mL。4 ℃冰箱保存。10% SDS，室温保存。

（5）质量浓度：10% 过硫酸铵（新鲜配制）。

（6）上样缓冲液：5 mol/L Tris-HCl（pH 值 6.8）1.25 mL，甘油 2 mL，10% SDS 2 mL，β-巯基乙醇 1 mL，0.1% 溴酚蓝 0.5 mL，加蒸馏水定溶至 10 mL。

（7）考马斯亮蓝 R-250 染色液（1 L）：1 g 考马斯亮蓝 R-250，加入 450 甲醇，100 mL 冰醋酸脱色液（1 L）：100 mL 甲醇，100 mL 冰醋酸。

（8）未知分子量的蛋白质样品（1 mg/mL）。

注意：聚丙烯酰胺（Acrylamide）的作用：丙烯酰胺为蛋白质电泳提供载体，其凝固的好坏直接关系到电泳成功与否，与促凝剂及环境密切相关。

丙烯酰胺具有很强的神经毒性并可以通过皮肤吸收，其作用具累积性。称量丙烯酰胺和亚甲基双丙烯酰胺(N,N′-Methylenebisacrylamide)时应戴手套和面具。

(二)实验器材

垂直板电泳槽,电泳仪,长滴管及微量加样器,烧杯(250 mL、500 mL),量筒(500 mL、250 mL),培养皿(15 cm×15 cm),枪头(1 mL、200 μL、10 μL),注射器等。

三 实验步骤

1. 清洗玻璃板 一只手扣紧玻璃板,另一只手蘸少许洗衣粉轻轻擦洗。两面都擦洗过后用自来水冲,再用蒸馏水冲洗干净后立在筐里晾干。

2. 灌胶与上样

(1)玻璃板对齐后放入夹中卡紧。然后垂直卡在架子上准备灌胶(操作时要使两玻璃对齐,以免漏胶)。

(2)分离胶和浓缩胶的制备:按表 4-2 中溶液的顺序及比例,配置 12% 的分离胶和 5.1% 的浓缩胶。

表 4-2 分离胶和浓缩胶的制备

试剂名称	12% 的分离胶(8 块共 35 mL)	5.1% 的浓缩胶(8 块共 12 mL)
30% 凝胶贮备液/mL	14	2
分离胶缓液(pH 值 8.8)/mL	8.75	—
浓缩胶缓冲液(pH 值 6.8)/mL	—	3
双蒸水/mL	12.25	6.9
10% 过硫酸铵/μL	175	100
TEMED/μL	15	10

注:分离胶与浓缩胶的浓度计算公式:$A\% \times Va/V_{总} = C$,$A\%$ 为 30% 凝胶贮备液,例如,12% 的分离胶:0.3×10/25 = 12%,当水和胶之间有一条折射线时,说明胶已凝了。再等 3 min 使胶充分凝固就可倒去胶上层水并用吸水纸将水吸干。

(3)配 12% 分离胶,加入 TEMED 后立即摇匀即可灌胶。灌胶时,可用 3 mL 的吸管或 10 mL 枪吸取适量的胶沿玻璃放出,待胶面升到绿带中间线高度时即可。然后胶上加一层水,液封后的胶凝得更快(灌胶时开始可快一些,胶面快到所需高度时要放慢速度。操作时胶一定要沿玻璃板流下,这样胶中才不会有气泡。加水液封时要很慢,否则胶会被冲变形)。

(4)按前面方法配 5.1% 的浓缩胶,加入 TEMED 后立即摇匀即可灌胶。将剩余空间灌满浓缩胶然后将梳子插入浓缩胶中。灌胶时也要使胶沿玻璃板流下以免胶中有气泡产生。插梳子时要使梳子保持水平。由于胶凝固时体积会收缩减小，从而使加样孔的上样体积减小，所以在浓缩胶凝固的过程中要经常在两边补胶。待到浓缩胶凝固后，两手分别捏住梳子的两边竖直向上轻轻将其拔出。

(5)用水冲洗一下浓缩胶，将其放入电泳槽中(小玻璃板面向内，大玻璃板面向外。若只跑一块胶，那槽另一边要垫一块塑料板且有字的一面面向外)。

(6)测完蛋白含量后，计算含 50 μg 蛋白的溶液体积即为上样量。取出上样样品至 0.5 mL 离心管中，加入 5×SDS 上样缓冲液至终浓度为 1×SDS(上样总体积一般不超过 15 μL，加样孔的最大限度可加 20 μL 样品)。上样前要将样品于沸水中煮 5 min 使蛋白变性。

(7)加足够的电泳液后开始准备上样(电泳液至少要漫过内侧的小玻璃板)。用微量进样器贴壁吸取样品，将样品吸出不要吸进气泡。将加样器针头插至加样孔中缓慢加入样品(加样太快可使样品冲出加样孔，若有气泡也可能使样品溢出。加入下一个样品时，进样器需在外槽电泳缓冲液中洗涤 3 次，以免交叉污染)。

3. 电泳　加样完毕，盖好上盖，连接电泳仪，打开电泳仪开关后，样品进胶前电压控制在 100～200 V，15～20 min；样品中的溴酚蓝指示剂到达分离胶之后，电压升到 200 V，电泳过程保持电压稳定。当溴酚蓝指示剂迁移到距前沿 1～2 cm 处即停止电泳，需 0.5～1 h。如室温高，打开电泳槽循环水，降低电泳温度再进行电泳。

4. 染色、脱色　电泳结束后，关掉电源，取出玻璃板，在长短 2 块玻璃板下角空隙内，用刀轻轻撬动，即将胶面与 1 块玻璃板分开，然后轻轻将胶片托起，指示剂区带中心插入铜丝作为标志，放入大培养皿中染色，使用 0.25% 的考马斯亮蓝染液，染色 2～4 h，必要时可过夜。弃去染色液，用蒸馏水把胶面漂洗几次，然后加入脱色液，进行扩散脱色，经常换脱色液，直至蛋白质带清晰为止。

四 结果分析

1. 测量脱色后凝胶板的长度和每个蛋白质样品移动距离(即蛋白质带中心到加样孔的距离)，测量指示染料迁移的距离。

2. 按以下公式计算蛋白质样品的相对迁移率(R_m)：

相对迁移率=样品迁移距离(cm)/染料迁移距离(cm)

3. 标准曲线的制作：以各标准蛋白质相对迁移率为横坐标，蛋白质分子量的对数为纵坐标在半对数坐标纸上作图，得到一条标准曲线。

4. 测定蛋白质样品的分子量：根据待测蛋白质样品的相对迁移率，从标准曲线上查得该蛋白质的分子量。

五 注意事项

1. APS 和 TEMED 是促凝的，根据温度加入的量可以变动，一般不超过 30%。

2. 玻璃板一定要洗干净，否则制胶会有气泡。

3. 聚丙烯酰胺具有神经毒性，操作时注意安全，戴手套（凝胶以后，聚丙烯酰胺毒性降低）。

4. 凝胶的时间要严格控制好，一般在 20 ~ 30 min。

5. 点样时，如果孔比较多，尽量点在中央（点在边上时，跑出的带是斜的）。

6. 点样前要排尽胶底部的气泡，防止干扰电泳。

7. 电泳结束后，取胶时，小心把玻璃板翘起（防止再次落下）。

8. 脱色时，尽量多次进行换水。

9. 上样量不宜太高，蛋白含量每个孔控制在 10 ~ 50 μg，上样体积一般<15 μL。

10. 做胶时，凝胶时间控制在 25 min。梳子须一次平稳插入，梳口处不得有气泡，梳底须水平。

11. 上样时，marker 最好标在中间，边上的孔尽量不要上样。

12. 制胶时，在加过硫酸铵前尽量不要搅拌，加入过硫酸铵后可以轻轻搅拌，不要产生气泡。

13. 分离胶缓冲液的 pH 值一定要准确，尽量在 20 ℃左右调至 8.8。

14. 安装电泳槽时要注意均匀用力旋紧固定螺丝，防止夹坏玻璃板，避免缓冲液渗漏。

15. 凝胶配制过程要迅速，催化剂 TEMED 要在注胶前再加入，否则凝结无法注胶。注胶过程最好一次性完成，避免产生气泡。

16. 微量注射器（加样器）上样时，注射器不可过低，以防刺破胶体；也不可过高，样品下沉时易发生扩散，溢出加样孔。

17. 剥胶时要小心，保持胶完好无损，染色要充分。

18. 温度、时间、光照、APS 和 TEMED 都会对凝胶产生影响。

六 个人心得

1. 可提前配好 5×电泳缓冲液，使用时取 50 mL 稀释 5 倍至 250 mL 即可满足使用。不推荐重复使用电泳缓冲液。

2. 组装玻璃板时要找到相匹配的成孔器，洗干净晾干，避免灌胶时手忙脚乱。要检查玻璃有无缺损，是否成套，不同型号的玻璃不能混用。

3. 灌入玻璃中的凝胶不凝固或需较长时间凝固：可能未加 TENED 或 10% 过硫酸铵，使用时间过长或所配的凝胶浓度过低。

4. 电泳时条带成波浪形或斜形移动：可能是凝胶不均匀凝固，加入 TEMED 之后要立即混匀凝胶，同时注意玻璃在此之前一定要洗干净。

5. 电泳带压缩不佳：上层胶配制加入某组分时出现差错，导致上层胶浓度过大；或是蛋白体积上样过大。

6. 电泳速度过快或过慢：电泳缓冲液浓度过高或过低；电压过高或过低。

7. 推荐使用预染蛋白 marker。但是预染蛋白 marker 有误差：由于预染蛋白 marker 是由标准蛋白与有色染料偶联而成的，所以偶联后的蛋白由于表面结构的改变，导致在 SDS-PAGE 中分离的线性关系没有天然蛋白那么好；另外由于偶联的批次不同，每个条带针对每个批次呈现出的分子量会有些许的变化，所以在使用预染蛋白 marker 的时候，出现 5% ~10% 的分子量误差是不能避免的，如果需要确切分子量则需要用非预染蛋白 marker 来标定。

总之，实验操作时应该注意总结，养成每次操作尽可能细节一致的习惯。比如应用电极时习惯使用哪一台机器甚至哪个插孔；每次电泳槽摆放的位置和上样的习惯等。保持这些习惯一致，有利用系统的稳定，而且一旦出现问题易于查找原因。

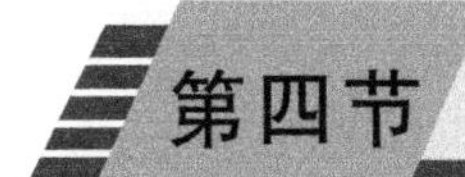

第四节　转　膜

转膜方式分为半干转移和湿转移 2 种，半干式转膜速度快，而湿式转膜不会因为膜的干燥而失败，因此成功率高并特别适合用于分子量大于 100 kDa 的蛋白。两种转膜方式都是膜紧贴凝胶，位于两层吸收材料之间，固体夹板夹在外面以保证膜和凝胶的紧密接触。下面以半干法转移为例。

一　实验目的及原理

（一）实验目的

利用电场作用，将聚丙烯酰胺凝胶中的蛋白质分子转移到 NC 膜或 PVDF 膜上。

(二)实验原理

蛋白从凝胶至膜的转移应用的原理是电荷在电场中的迁移。

二 实验材料

电泳完毕内含蛋白质分子的聚丙烯酰胺凝胶,丽春红去离子水,Tris 碱,甘氨酸,甲醇,NC 膜或 PVDF 膜,滤纸,剪刀,平头镊子,转膜电源,转膜器材。

三 实验步骤

(一)膜的选择

印迹中常用的固相材料有 NC 膜、DBM、DDT、尼龙膜、PVDF(聚偏二氟乙烯)膜等。我们选用 PVDF 膜,其具有更好的蛋白吸附、物理强度,以及具有更好的化学兼容性。有两种规格:Immobilon-P(0.45 μm)和 Immobilon-PSQ(0.2 μm for MW<20 kDa)。即将凝胶夹层组合放在吸有转印缓冲液的滤纸之间,通过滤纸上吸附的缓冲液传导电流,起到转移的效果。因为电流直接作用在膜胶上,所以其转移条件比较严酷,但是其转移时间短,效率高。

(二)实验条件的选择

电流 1~2 mA/cm^2,我们通常选择 100 mA/膜,按照目的蛋白分子大小、胶浓度选择转移时间,具体可以根据实际适当调整(表 4-3)。

表 4-3 目的蛋白分子大小、胶浓度及转移时间

目的蛋白分子大小(kDa)	胶浓度(%)	转移时间(h)
80~140	8	1.5~2.0
25~80	10	1.5
15~40	12	0.75
<20	15	0.5

(三)实验操作

1. 配置转移缓冲液 配方见附表 4-1。
2. 滤纸和膜的准备 在电泳结束前 20 min 应开始准备工作。

(1)检查是否有足够的转移缓冲液,没有立即配制。

(2)检查是否有合适大小的滤纸和膜。

(3)将膜泡入甲醇中,1 ~2 min。再转入转移缓冲液中。

(4)将合适的靠胶滤纸和靠膜滤纸分别泡入转移缓冲液中。

3. 转移

(1)在电转移仪上铺好下层滤纸,一般用 3 层。

(2)将膜铺在靠膜滤纸上,注意和滤纸间不要有气泡,再倒一些转移缓冲液到膜上,保持膜的湿润。

(3)将胶剥出,去掉堆叠凝胶,小心地移到膜上。

(4)剪去膜的左上角,在膜上用铅笔标记出胶的位置。

(5)将 1 张靠胶滤纸覆盖在胶上。倒上些转移缓冲液,再铺 2 张靠胶滤纸。

(6)装好电转移仪,根据需要选定所需的电流和时间。

(7)转移过程中要随时观察电压的变化,如有异常应及时调整。

四 结果分析

转膜良好时,丽春红染色后在膜上可见到清晰、连续的粉红条带,无圆圈出现。转膜不佳时,条带色淡,甚至无条带。

五 注意事项

1. 一定按照次序组装转膜夹子,切不可搞反或搞乱。PVDF 膜使用前要用甲醇浸泡。

2. 从玻璃板中取出凝胶时要非常小心:打开自来水龙头,确保水流轻柔,冲洗玻璃板。用平头镊子或切胶用塑料板从玻璃板下端轻柔撬开被凝胶粘住的玻璃板(从下端撬开的好处是减少胶留在玻璃板上的机会,以免给操作带来不便),切除上层胶,切开凝胶左右边缘与玻璃板的黏结,利用水流的力量使凝胶从玻璃板上松动,然后将凝胶转移至已铺在转移夹子的滤纸上。

3. 滤纸不能剪得过大,防止上下 2 层滤纸相互接触引起短路。胶与 NC 膜大小尽量一致,应略大于滤纸大小。

4. 转膜夹子放入转移槽时不要放反,黑色要临近黑色。确保导线与电源的连接状态,防止转膜途中断电。转移时间不要过长,防止将蛋白转透出膜,需长时间转膜要降低电压。

5. 为避免浪费,转移缓冲液可重复利用 2 次,反复使用时可以少量补充一些甲醇。

6. 应戴塑胶手套操作,不能用手直接接触 NC 膜或 PVDF 膜,防止手上的蛋白污染膜。操作要轻柔，任何不小心留在 NC 膜上的痕迹都可能对最后的图片结果造成不良影响。另外未交联的丙烯酰胺、甲醇等虽不立即致命但都会慢慢毒害身体。

六 个人心得

1. 可预先配置高浓度转移缓冲液，使用时稀释。但要注意，甲醇应在使用时才加入。总体积 1 L 的转移缓冲液可满足 1 次使用。

2. 组装转膜夹子时要在转移缓冲液中操作，使用 1 根菌种管碾压去除可能出现在衬垫、滤纸、凝胶、膜和滤纸之间的气泡。气泡存在可能会导致转膜失败。

3. 为节约 NC 膜或 PVDF 膜(较昂贵)，同时也为了易于操作，较宽的较不容易放平整，可将膜适当剪窄，只转移含有目的蛋白部分的凝胶，适用于已知目的蛋白分子量大小，能明确目的蛋白在凝胶中的大致位置。但是不要为了节约把 NC 膜和胶剪得过窄，尤其是探索性研究，这样可能丢掉重要的信息，导致错误结论。而且通常较严格外文杂志对 Western blot 的结论图要求在特异条带上下至少留有 6 倍的特异条带宽度的空间，过窄的 Western blot 的结论图可能不符合要求，影响论文的发表。

4. 组装完转膜夹子和转膜装置时应检查夹子和转移槽电极方向是否匹配；检查导线和电源电极方向是否匹配，即红对红，黑对黑；记得打开电源；记得将转移槽放入冰盒。

5. 电源报警。检查导线与电源的连接，检查转移槽盖子与转移槽的连接。

第五节 抗体杂交

一 实验目的及原理

(一)实验目的

利用抗原、抗体特异结合作用使结合于蛋白膜上的蛋白被一抗、二抗特异性标记。

(二)实验原理

从生物细胞中提取总蛋白或目的蛋白,将蛋白质样品溶解于含有去污剂和还原剂的溶液中,经 SDS-PAGE 电泳将蛋白质按分子量大小分离,再把分离的各蛋白质条带原位转移到固相膜(硝酸纤维素膜或尼龙膜)上,接着将膜浸泡在高浓度的蛋白质溶液中温育,以封闭其非特异性位点。然后加入特异抗性体(一抗),膜上的目的蛋白(抗原)与一抗结合后,再加入能与一抗专一性结合的带标记的二抗(通常一抗用兔来源的抗体),最后通过二抗上带标记化合物(一般为辣根过氧化物酶或碱性磷酸酶)的特异性反应进行检测。根据检测结果,从而可得知被检生物(植物)细胞内目的蛋白的表达与否、表达量及分子量等情况。

二 实验材料

结合有蛋白质分子的 NC 或 PVDF 膜,一抗及二抗,去离子水,1% 丽春红染色剂,Tween-20,Tris 碱,NaCl,脱脂奶粉,剪刀,6 cm 平皿,平头镊子,移液器,封口机,避光盒,塑料袋。

三 实验步骤

1. 配制 TBST 缓冲液,配方见附表 4-1。

2. 将转膜夹子从转膜装置取出,打开,用平头镊子将 NC 膜或 PVDF 膜移入装有 1% 丽春红的平皿里,染色 30 s 或更长时间,此时看到膜上有整齐的粉红色蛋白条带,蛋白 Marker 泳道只有标记分子量的蛋白条带,用圆珠笔标记 Marker 泳道的蛋白条带,剪去多余的部分。

3. 将标记好的 marker、剪裁好的膜移入装有 TBST 缓冲液的平皿里,摇床设定为 80 r/min,洗去染在膜上的丽春红,洗涤期间适时更换 TBST 缓冲液,时间 5 ~ 10 min。

4. 用 TBST 配制含有 5% 脱脂奶粉的封闭缓冲液 40 mL,将洗去丽春红的膜移入装有封闭缓冲液的平皿里,摇床设定为60 r/min,室温封闭 1 h。

5. 使用 TBST 配制适当稀释度的一抗封闭缓冲液,将经过脱脂奶粉封闭的膜置入一个合适大小的干净的塑料袋中,加入配好的一抗缓冲液,封口机封口,摇床设定为 60 r/min,室温条件封闭 1 h。采用封口机封口时注意塑料袋在横轴和纵轴方向上压膜封口时皱褶程度不同,尽量将 NC 膜长轴与皱褶程度小的方向摆放一致,压膜的电压应适当选择好,压膜时要在封口机红灯熄灭后再压 5 ~ 6 s 开启,可以减少皱褶及渗漏的可能性。这些虽然是细节,但是掌握不好却可以影响整个实验效果。

6. 确保装有膜的塑料袋保持平整地放置在 4 ℃冰箱中，使 NC 膜各处均能接触到一抗，放置过夜。

7. 从冰箱里取出装有膜的塑料袋，剪开口，用平头镊子将膜取出，置于装有 TBST 的平皿里，洗涤，摇床设定为 80 r/min，洗涤 3 ~4 次，每次 5 ~10 min。

8. 使用 TBST 配制适当稀释的辣根过氧化物酶标记的二抗封闭缓冲液，将洗过的膜置入一个合适大小的干净塑料袋中，加入配好的二抗缓冲液，封口机封口，摇床设定为 60 r/min，室温条件封闭 1 h。

9. 接步骤 7，亦可选用荧光素标记的二抗，同样使用 TBST 配制适当稀释的二抗封闭缓冲液。此时应将二抗封闭缓冲液装入可以避光的盒子里，以避免荧光猝灭。将膜置于盒子中，摇床设定为 60 r/min，室温封闭 1 h。

10. 接步骤 8，将二抗封闭后的塑料袋剪开，用平头镊子将膜取出，置入装有 TBST 缓冲液的平皿里，洗涤，摇床设定为 80 r/min，洗涤 3 ~4 次，每次 5 ~10 min。留待发光检测。

11. 接步骤 9，将膜仍置于避光的盒子里，用 TBST 洗涤，摇床设定为 80 r/min，洗涤 3 ~4 次，每次 5 ~10 min。留待仪器扫描。

四 结果分析

抗体封闭好坏直接关系到最后的结果，封闭良好时可获得清晰、特异的结果，否则将得到模糊、杂乱、高背景的结果。

五 注意事项

1. 配制 TBST 缓冲液时，要认真调节 pH 值，缓冲液 pH 值范围为 7.4 ~7.6，一定要准确配制。

2. 注意标记膜上的 marker 条带及膜上的上下角，记清每一个标记所代表的目的蛋白分子量大小，分清膜的前后面及上下左右。标有 marker 一面为正面。

3. 封闭缓冲液也可以使用牛血清白蛋白配制，牛血清白蛋白中含有目的蛋白时不能用。

4. 刚在脱脂奶粉中封闭完的膜应先在 TBST 缓冲液中泡一下再封闭一抗。

5. 确定封有膜的塑料袋没有渗漏，否则极有可能最后没有结果。

6. 确保膜在封闭抗体时保持平整，避免外界因素造成蛋白结合抗体不均匀。

7. 使用荧光二抗时一定要避光操作，并注意荧光二抗的保存期限，一般 4 ℃可保存 2 周。

六 个人心得

1. 可预先配制 10×TBS,使用时稀释为 1×TBS,并加入相应量的 Tween-20。

2. 丽春红染色后,膜上没有着色或着色很淡:要检查 1% 丽春红是否使用过久,若是,可重新配制 1% 丽春红再染色;转膜失败,考虑转膜时某一电极是否接反;转膜缓冲液成分是否有问题,如甘氨酸质量过低。

3. 丽春红染色后,膜上可见圆圈状白斑;组装转膜夹子时气泡没有赶出。若圆圈位于目的蛋白所在处,则意味着转膜失败。

4. 丽春红染色后发现蛋白条带之间距离过近:可能是电泳时蛋白没有充分分离,也可能是下层胶浓度过低或配制下层胶的 Tris-HCl 没按规定调节 pH 值。

5. 脱脂牛奶封闭时,一定注意所用奶粉充分溶解成乳浊液。过期奶粉在溶液中成颗粒状,不能用于封闭。

6. 抗体可以回收使用,加入叠氮钠后保存时间可延长,推荐重复次数不超过 3 次,效果特别好的内参照蛋白抗体例外。

第六节 发光检测或荧光扫描

Western blot 显色的方法主要有以下几种:①放射自显影。②底物化学发光 ECL。③底物荧光(ECF)。④底物 DAB 呈色。现常用的是底物化学发光 ECL 和底物 DBA 呈色。但用得最多的还是底物化学发光 ECL。只要买现成的试剂盒就行,操作也比较简单。

一 实验目的及原理

(一)实验目的

二抗上标记的辣根过氧化物酶催化底物从而发光,用 X 射线片将光信号记录,通过显影、定影过程获得肉眼可见的条带,此条带即标识了目的蛋白。

(二)实验原理

ECL 法检测辣根过氧化物酶的原理是辣根过氧化物酶在 H_2O_2存在下,氧化化学发光物质鲁米诺(luminol,氨基苯二酰一肼)发光,在化学增强剂存在下光强度可以增大 1 000 倍,将印记放在照相底片上感光就可以检测辣根过氧化氢化物酶的存在。

二 实验材料

Ecl 试剂盒(含 A、B 液),结合有一抗和二抗的 NC 膜或 PVDF 膜,发光液,显影液,定影液,滤纸,X 射线片,压片盒,剪刀,6 cm 平皿,平头镊子,移液器,保鲜膜,定时器,塑胶手套。

三 实验步骤

1. 在避光条件下配制适当的发光工作液　实际上是相应二抗酶的底物,相互作用后发出荧光,A 液:B 液=1:1(试剂盒中含有的 A、B 液)。所需工作液的量由膜的面积决定,液体量满足可将整个膜覆盖就行。

2. 准备发光所需物品　洗涤完毕的膜,X 射线片,显影液,定影液,剪刀,滤纸,移液器,压片盒,保鲜膜,定时器。上述物品要放置于暗室里。

3. 压片　此后操作均在暗室中戴塑胶手套进行。将压片盒打开,覆盖一层保鲜膜。用平头镊子将膜从 TBST 中取出,滤纸擦去膜背面的水分,将膜放到压片盒里,正面(标有 marker 的一面)向上,用移液器向膜上滴加配好的发光液,使整张膜都被覆盖。5 min 后(此时应看到膜上有明亮的发光条带)将保鲜膜反折,小心地覆盖膜上。此时关闭日光灯,打开红光灯。剪去稍大于膜的 X 射线片,剪掉左上角(即做标记),将 X 射线片小心地压于膜上。盖上压片盒的盖子。压片 10 s~10 min,也可更长时间。

4. 显影　打开压片盒,取出 X 射线片,置于显影液中显影 10 s~1 min,也可稍微延长时间。但是显影时间过长会导致 X 射线片变黑,应根据所采用的系统调整到合适的时间。

5. 定影　从显影液中取出 X 射线片,在清水中稍作洗涤,然后放入定影液中定影,时间 2~5 min。

6. 重复压片　可重复压多张 X 射线片,操作基本相同,可以尝试不同的压片时间和显影时间。

7. 晾片　操作完毕后,将 X 射线片和显影液收起,此时方可打开日光灯。将定影完的 X 射线片放入清水中洗涤、晾干,留待分析。

8. 仪器扫描　请相关技术人员协助使用计算机-荧光扫描仪系统对膜进行扫描。保存结果，留待分析。

四 结果分析

好的发光结果可在 X 射线片上看到特异、均匀、整齐、低背景的黑色条带。

五 注意事项

1. 发光液应现用现配，一定要混匀。发光液的量一定要覆盖整张膜。

2. 显影液和定影液都有毒性，一定要在棕色瓶内避光保存。

3. 未使用的 X 射线片不能暴露在日光灯下，显影液也要避免暴露在日光灯下。

4. X 射线片放置到膜上后不可再移动位置，否则最后的结果中将出现移动的条带影像。

5. 定完影的 X 射线片要洗干净，完全晾干后再进行后续的分析。

6. 使用荧光二抗的膜可以在洗去二抗后 2 d 之内完成扫描，等待时间过长会有荧光猝灭。在显色发光时要特别注意二抗所对应的显色方法，特别是在发光时要注意发光时间和显影时间的控制，以看得清楚目的条带为标准。

六 个人心得

1. 做分子生物学实验之前，首先要对各种试验方法的原理进行详细的了解和学习。最好认真观摩他人操作 3 遍。对实验原理掌握不牢或对实验方法认知不够是导致实验失败的主要原因。

2. 大多数人都会经历实验失败的过程，这是很正常的，经验恰恰也是从这个失败的过程中获得。因此实验不顺时千万不要沮丧气馁，而是要调整心态，不断总结提高。

3. 实验过程中经常与同学或同事交流是迅速获得经验提高水平的好方法，埋头苦干有时效果并不好。

4. 生物学实验试剂配制一定要认真，一旦一种试剂出现问题，要找出问题很麻烦。

5. 熟悉实验操作流程，包括实验环境、设备特点、仪器的管理规定等，这样才能有效利用时间和资源，统筹安排，游刃有余。

6. 一抗、二抗的浓度一般要参照抗体说明书选择最适当的比例，一抗、二抗的选择直接影响实验结果以及背景的深浅。

7. 实验设计时所采用的抗原批次要一样，尽量避免人为因素带来的个体差异。特别是在做裂解液时更要注意所采用的操作条件，尽可能地排除可变因素给实验带来的不确定性。

8. 加一抗、二抗要严格保证反应时间，洗膜要注意尽可能地将一抗、二抗洗净，有利于降低背景；还要注意一抗、二抗的匹配。

9. 在显色发光时要特别注意二抗所对应的显色方法，特别是在发光时要注意发光时间和显影时间的控制，以看得清楚目的条带为标准。

总而言之，做 Wetern blot 实验熟练掌握原理和操作是前提，关键是统筹整个实验流程，合理安排，注意细节，这样才能保证实验的高效性和准确性。实验过程中常见问题及解决方法见表 4-4。

表 4-4 Western blot 过程中常见问题及解决方法

出现问题	可能原因	解决方法
发光液覆盖膜 5 min 甚至更长时间后膜上无亮光，定影后 X 射线片上无或只有微弱条带	发光液失效；二抗失效、二抗稀释度过大或二抗使用过久；一抗失效、一抗稀释度过大或一抗使用过久；配置抗体封闭缓冲液的 TBST 未按规定调节 pH；结合于膜上的蛋白抗原性丧失；蛋白上样量过低；目的蛋白本身表达低或无表达	更换发光液；更新二抗，降低二抗稀释度；更新一抗，降低一抗稀释度；按规定调节 pH；重新开始，加大蛋白上样量，正常情况下延长压片时间
膜上开始时有亮光后消失	不小心触动了正在孵育发光液的膜；强光照射或某些特殊波长的光照射；发光液质量低或使用过久	发光时不要动膜；避免光源直接照射正在发光的膜上；更新发光液
膜上有亮光，定影后 X 射线片透明，其上面没有条带	压片时间过短；显影时间过短；显影液失效；X 射线片损坏	延长压片时间；延长显影时间；更新显影液；更新 X 射线片
膜上有亮光，定影后 X 射线片上全部或部分为黑色	显影时间过长	缩短显影时间
整个膜发出耀眼的亮光，定影后 X 射线片上有片状模糊黑影	未进行脱脂牛奶封闭或封闭效果差；未洗涤一抗或洗涤效果差；未洗涤二抗或洗涤效果差	新鲜配制脱脂牛奶或牛血清白蛋白封闭；洗涤一抗，延长洗涤时间或洗涤次数；洗涤二抗，延长洗涤时间或洗涤次数
定影后 X 射线片上有许多条带	一抗特异性差或一抗稀释度过低；蛋白上样量过高	更换新的一抗或提高一抗稀释度；降低蛋白上样量

附表 4-1 相关溶液的配制

溶液名称	组成成分及配制方法	备注
5×上样缓冲液	以配制 20 mL 为例 1 mol/L Tris-HCl(pH 值 6.8):5 mL DTT:1.54 g(或 β 巯基乙醇 1.5 mL SDS:2 g 丙三醇:10 mL 溴酚蓝:0.1 g 去离子水定容至 20 mL	5×上样缓冲液必须在非塑料瓶容器内配制,按顺序加入:1 mol/L Tris-HCl(pH 值 6.8)5 mL 溴酚蓝 0.1 g(适当稍加) SDS 2 g,甘油 10 mL,β 巯基乙醇 5 mL,用玻璃棒混合均匀,普通滤纸过滤后分装。-20 ℃保存
细胞裂解液	以配制 200 mL 为例 Tris 碱:1.22 g NaCl:1.8 g NP40:2 mL 脱氧胆酸钠:0.5 g NaF:0.42 g EDTA:2 mL 去离子水定容至 200 mL	EDTA:从已配好的 0.5 mol/L 的 EDTA 溶液中取出 2 mL(内约含 EDTA·$2H_2O$ 0.37 g),最后 HCl 调节 pH 值至 7.4
4×down	配置 100 mL 为例 Tris 碱:18.17 g 去离子水 80 mL 溶解,HCl 调节 pH 值至 8.8,定容至 100 mL	0.22 μm 滤膜过滤,4 ℃保存
4×up	配置 100 mL 为例 Tris 碱:6.06 g 去离子水 80 mL 溶解,HCl 调节 pH 值至 6.8,定容至 100 mL	0.22 μm 滤膜过滤,4 ℃保存
30% AB	配置 100 mL 为例 丙烯酰胺:29 g 亚甲基双丙烯酰胺:1 g 去离子水溶解并定容至 100 mL	有毒!注意防护 0.45 μm 滤膜过滤,棕色瓶 4 ℃保存 切记:所有用于配胶的试剂均需要过滤
10% AP	配置 100 mL 为例 过硫酸铵:1 g 去离子水溶解并定容至 10 mL	普通滤纸过滤,4 ℃可保存 2 周,2 周以后新配。注意剧毒防护

续附表 4-1

溶液名称	组成成分及配制方法	备注
10% SDS	按重量(g):终体积(mL)=1:1 加入去离子水定容,混合后用普通滤纸过滤,常温保存	注意不要放冰箱保存,否则会凝固。一旦因气温原因凝固,可加热促使溶解,再用滤纸过滤
5×电泳缓冲液	配置 1 000 mL 为例 Tris 碱:15.1 g 甘氨酸:72 g SDS:5 g 去离子水溶解并定容至 1 000 mL	使用时稀释即可
1×转移缓冲液	配置 1 000 mL 为例 Tris 碱:3.03 g 甘氨酸:14.4 g 去离子水溶解并定容至 800 mL 甲醇:200 mL	
10×TBS	配置 500 mL 为例 Tris 碱:12.1 g NaCl:40 g 去离子水溶解并定容至 500 mL	配制 1×TBST 时,取 100 mL 10×TBS 用去离子水稀释至 1 000 mL,加入 Tween-20 1 mL 后混匀
1×PBS	配置 1 000 mL 为例 NaCl:8 g KCl:0.2 g Na_2HPO_4:1.44 g KH_2PO_4:0.24 g 用 HCl 调节 pH 值至 7.4,去离子水定容至 1 000 mL	

第五章

▶病毒载体的构建

病毒的结构主要由内在 DNA 或者 RNA 及其外壳蛋白组成，经过组装后称为病毒颗粒。由于其独特的生物结构，通过感染，病毒颗粒能进入宿主细胞，利用宿主细胞的 DNA 复制系统或者 RNA 复制系统进行 DNA 或者 RNA 的复制，蛋白质合成系统进行外壳蛋白的合成，并且通过组装系统再次组装，实现病毒颗粒的增殖。实验人员利用病毒的这一独特增殖方式，创造了一系列不同功能不同特性的病毒载体。病毒载体（viral vector）是将遗传物质有效地递送到细胞中的高效工具。它们利用病毒的天然能力将目标遗传物质有效载荷并传递到细胞中，同时进行遗传修饰，从而使其复制能力和病毒毒性受到削弱或消除。相较于其他类型载体，病毒载体的转导效率高、滴度高，装配过程由细胞完成，操作简单、可选择性更高。

在过去研究中，基因递送载体开发和基因靶向表达的各个方面都取得了重大进步。由于病毒载体在基因治疗中具有较高的传递效率，因此在基因治疗方案中具有广阔的应用前景。然而，随之变得明显的问题是，没有可用的普遍适用的理想病毒载体系统。在决定应使用哪种载体类型之前，需要定义每种载体的各种特征和它的构建策略以及可治疗的疾病类型，在当今使用频繁的各种病毒载体之间进行比较从而确定可使用性。此章将介绍噬菌体载体，腺病毒载体（AAV），慢病毒载体，植物病毒载体，动物病毒载体的相关性质及构建方法，并描述它们的潜在应用。

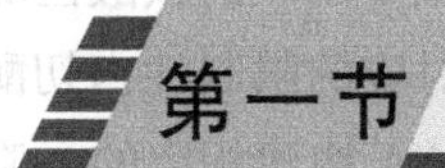

第一节　噬菌体载体

病毒感染细菌后定义为噬菌体，噬菌体的核酸形态种类有很多，例如：单链线性 DNA、单链环形 DNA、双链线性 DNA、双链环形 DNA 以及单链 RNA 等多种形式，由于其形态的不同，噬菌体核酸的分子量也相差很大。由不同核酸分子量的噬菌体构建的噬菌体载体同样也多种多样。本节将主要介绍2种不同的噬菌体载体的相关特性及构建方法。

一 λ噬菌体载体

(一)λ噬菌体的结构及特性

λ噬菌体由其λ DNA及外壳蛋白组成。λ DNA的分子长度是48 502 bp,是典型的线状DNA,在GenBank中编号J02459或者M17233。在线性λ DNA的两端各有由12个核苷酸单位组合成的5′单链突出序列,这就是通常所说的黏性末端。当λ噬菌体载体注入到感染宿主细胞内时,由于两端突出的黏性末端核酸序列具有互补特性,线性的DNA核酸分子,会迅速地通过互补作用相互粘合形成环状双链DNA分子。在λ噬菌体中将这两端的黏性互补末端称为cos(cohesive end site)位点。在λ噬菌体DNA分子上的基因,往往功能相近的聚集成簇,形成头部、复制、重组以及尾部4个功能分类。但是,往往在文献中为了更好表述,将λ噬菌体基因组人为分成3个功能不同的区域,左臂区:含与包装蛋白有关的基因;中间区:基因调节,溶原状态创建、维持及遗传重组,该区域对裂解生长是非必需的;右臂区:含与裂解生长有关的基因。并且在λ DNA上具有7个特殊的Hind Ⅲ切点,酶切后当作marker(8个片段),这对于后期的实验具有很重要的标志作用。

λ噬菌体基因组

λ噬菌体作为病毒克隆载体使用年限是最长的,同样由于其对大肠杆菌具有很高的感染能力,人们对它的研究也是最透彻的。克隆效率远高于质粒载体,所以将λ噬菌体载体用于基因文库或者cDNA文库的构建是非常有成效的,并且其在基因治疗或者医疗开发上的研究也具有很大的前景。

(二)λ噬菌体载体构建

1. λ噬菌体载体构建的基本原理　λ噬菌体能包装其自身λ DNA核酸分子长度的75%～100%的核酸分子片段,为36.6～51 kb,这对于构建病毒载体具有很高的效率。并且相对于λ DNA自身核酸分子来说,它的核酸分子上大约有20 kb的核酸区域对λ噬菌体的生理活动以及功能结构是非必需的,由此可以用相对应的限制性内切酶切除或者被其他外源的DNA(或RNA)片段所取代,从而利用λ DNA构建相应的λ噬菌体病毒载体。

野生型的λ噬菌体DNA对于在基因克隆实验中常见的限制性内切酶来说,具有非常多的相应的限制性酶切位点,例如很常见的5个EcoR Ⅰ的限制性酶切位点以及7个Hind Ⅲ的限制性酶切位点,因此λ DNA本身来讲,是并不适合用作构建基因克隆的病毒载体,所以实验人员需要通过实验技术将多余的限制性酶切位点切除并且剪去非必要的核酸区域,这样才有条件将λ DNA用作于构建相应的λ噬菌体病毒载体。综上所述,构建 λ 噬菌体克隆载体的基本原理是切除多余的限制性酶切位点。

2. λ 噬菌体载体构建的基本策略　现公认的比较便捷的构建 λ 噬菌体载体的基本策略主要分为以下 4 步:①由于 λ DNA 核酸序列上含有 20 kb 的 λ 噬菌体非必需核酸片段,所以需要用适合的限制性内切酶剪切掉部分或者全部的非必需 DNA 区域,保存该限制性内切酶的 1 个或者 2 个识别序列和切割位点用于后续的克隆实验。②由于在 λ DNA 必需核酸区域内也有这种限制性核酸内切酶的识别序列,为了防止必需区域内序列被剪切,可以采用点突变或者甲基化酶等技术处理使必需区域内这种酶相对应的识别序列失效,这将避免外源性的无关 DNA 片段插入到必需区内。③在某些实验中 λ 噬菌体载体还需要选择标记,所以可以在非必需核酸区域内插入选择标记基因,用于后续实验分析。④λ 噬菌体克隆载体的 λ DNA 载体长度应≥36.4 kb。有关构建 λ 噬菌体载体的详细步骤,举例介绍如下。

λ 噬菌体载体构建

在 λ DNA 核酸分子上有 5 个 EcoR Ⅰ 的识别位点,这五个位点分别在 21226、26104、31743、39681、44972,其中前 3 个酶切位点在非必需核酸片段区域内,后 2 个酶切位点在必需核酸片段区域内。用 EcoR Ⅰ 去酶切 λ DNA 将会得到 6 个长度不一的片段,分别表示为 A、B、C、D、E、F。由于 B 片段区域是 λ 噬菌体生长发育时非必需的,而 C 片段对于 λ 噬菌体的溶原生长途径是必需的,所以可以采用 EcoR Ⅰ 酶切保留 B 片段,而切去 A、C 片段区域。接下来就需要采用点突变或者甲基化酶处理,使 E 片段左右两侧的 λ DNA 必需区域的 EcoR Ⅰ 识别序列失效,并且使 λ 噬菌体的生长和增殖不受到损伤。最后确定构建的 λ 噬菌体载体的 λ DNA 的分子大小是 40.4 kb(计算过程为 48.5 kb 减去 C 片段长度 5.5 kb 再减去溶原菌生长必需序列长度 2.6 kb)。最终经过确认用该种方法构建的 λ 噬菌体载体是符合实验要求的。

3. λ 噬菌体载体的种类

(1)插入型 λ 噬菌体载体。插入型载体指的是在 λ 噬菌体载体的 λ DNA 上有一个可以容纳一定的分子大小的外源 DNA 片段的 λ 噬菌体载体。当插入的外源 DNA 在 λ 噬菌体 DNA 上是必需功能片段时,会使 λ 噬菌体的某些生物机体功能失去活性,此时这种效应就叫作插入失活效应。

一般插入型载体可装载的片段为 6 ~ 11 kb。接下来,我们分别介绍 5 类插入型 λ 噬菌体载体,分别为 λgt10 载体、λgt11 载体、λGEM－2/4 载体、λZAP Ⅱ 载体以及 λExCell 载体。

1) λgt10 插入型噬菌体载体:λgt10 载体全长 43.34 kp,可装载的外源 DNA 片段长度是 0 ~6.0 kb,选择标记的处理是 c Ⅰ 基因失活,而相应的限制性内切酶 EcoR Ⅰ 位点位于 λ DNA 的 c Ⅰ 基因内,对于 λgt10 载体一般在实验中选择的宿主菌是 C600 (BNN93)增殖载体,根据某些具体的实验需求或者技术要求,有时会选择 C600 hflA (BNN102)筛选重组体作为宿主菌落。然而在实验中 c Ⅰ 基因可能处于会失活也有可能会启动状态,所以在 C600 hflA (BNN102)筛选重组体中具有不一样的实验结果,当 c Ⅰ 基因处于失活状态时,在 C600 hflA (BNN102)筛选重组体(高频溶原化)中将形成清亮噬菌斑；而当 c Ⅰ 基因处于启动状态时，在 C600 hflA（BNN102）筛选重组体中形成溶原菌，产生混浊噬菌斑。在一般的实验中，由于 λgt10 载体的独特性和操作的方便性，选择使用的频率比较高。同时对于它的研究也比较清晰。主要用于 cDNA 克隆，克隆效率很高。

2）λgt11 插入型噬菌体载体：相较于 λgt10 插入型噬菌体载体它的可插入片段大小范围比较广，一般在 0～7.2 kb 之间。λgt11 插入型噬菌体载体的独特性在于它的可替代区有 lac5 基因（它属于 lacZ 基因类型），它的编码区有一个 EcoR Ⅰ 位点，可供限制性内切酶完成酶切。它的另一个特点是可供筛选，主要体现在相应的菌落体形态的变化，例如：lacZ 基因的插入或使之失活，而相对应的噬菌斑呈现清亮而并非蓝色；Sam100 基因的插入会发生琥珀突变，使相应的细胞膜溶解受阻，噬菌体不能释放；插入 c Ⅰ ts857 基因片段会导致 c Ⅰ 温度敏感突变，这将导致低温（32 ℃）发生溶原，高温（42 ℃）将发生裂解。

3）λGEM-2/4 插入型噬菌体载体：λGEM-2/4 噬菌体载体可分为 λGEM-2 噬菌体载体和 λGEM-4 噬菌体载体，由于 λ 噬菌体载体种类不同，他们的自身基因核酸长度以及可供插入片段的大小范围也不相同，其中 λGEM-2 插入型载体自身全长是 43.80 kb，而它的可供插入外源 DNA 片段长度是 0～7.1 kb，而 λGEM-4 插入型载体自身基因全长是 46.2 kb，同样它的可供外源 DNA 插入片段是 0～4.7 kb。同 λgt10 插入型载体一样，它在 cI 位点根据 cI 基因是否失活或者启动存在菌落表达上的差异，因此可由 EcoR Ⅰ 限制性核酸内切酶改为多克隆位点，或者由完整的质粒替换 EcoR Ⅰ 位点。

4）λZAP Ⅱ 插入型载体：与 λgt11 插入型载体相似，但是不同的是它可供质粒的插入，例如插入 pBluescript SK 质粒（其基因片段全长是 41 kb）。λZAP Ⅱ 插入型载体可插入 0～10 kb 长度的外源基因片段。

5）λExCell 插入型载体：这种噬菌体载体与 λZAP Ⅱ 插入型载体相似，在该载体中可供质粒的插入，在 λExCell 插入型载体中插入了 pExCell 质粒（其基因片段全长是 41 kb）后，可插入 0～6 kb 长度的外源基因片段。综上所述插入型噬菌体载体的种类很多，每一种都有自身独特的特点与功能，在实验中可供选择性很强。

（2）置换型 λ 噬菌体载体。置换型 λ 噬菌体载体又称为取代型 λ 噬菌体载体，顾名思义此类载体中的部分基因片段会因为外源 DNA 的插入而被替换掉。这类 λ 噬菌体载体的基因片段中间部位有可取代片段，在构建这类在载体时，需要注意的是中间的可取代片段两侧的多克隆位点的核酸序列应是反向重复序列，这个条件就能保证当外源 DNA 片段插入时，2 个多克隆位点之间的可替换 DNA 片段被替换掉。这种类型的 λ 噬菌体载体是经过改造的优良噬菌体载体，因此它具有较强的克隆能力，同样在能容纳外源 DNA 方面也提高了它的装载能力。相比较于插入型 λ 噬菌体载体它的可容纳范围更广和能力更高。

在目前的研究上应用比较多的置换型 λ 噬菌体载体主要分为以下 3 类：λEMBL

3/4置换载体、λDASH 置换载体、λGEM-11 置换载体,接下来将介绍这 3 类置换载体的不同性质。

1)λEMBL 3/4 置换载体,λEMBL 4 这种置换型载体的长度在 13.2 kb 左右,它的可置换片段左右各有一个 SalI 位点,在其两侧的多聚体衔接物中存在着 3 种限制型内切酶识别位点分别为 EcoR Ⅰ、BamH Ⅰ、SalI 限制内切酶。外源性 DNA 可以根据克隆片段的制备要求选择以上 3 种酶。λEMBL 3 置换载体,核酸分子大小为 43 kb,根据分类它的左臂分子大小为 20 kb,它的右臂分子大小为 9 kb、而填充片段大小为 14 kb 左右。同样它也具有 EcoR Ⅰ、BamH Ⅰ、SalI 这 3 种限制内切酶的识别位点,在实验过程中,可根据需要选择这 3 种酶对填充片段进行切割。在筛选过程中,可以根据他们的分子大小进行筛选,比较特殊的是也可以应用 Spi 表型进行筛选。当呈现 Spi+状态时 λ(red+ gam+)不能感染大肠杆菌 DNA,相反当呈现 Spi-状态时 λ(red-gam-)能感染大肠杆菌 DNA。

2)λDASH 置换型载体,此类置换型载体的 DNA 分子长度为 9～22 kb,它的核酸结构与 λEMBL 3 置换型载体结构相类似。往往应用于染色体步查。

3)λGEM-11 置换型载体,λ 换型载分子长度在 9～23 kb,而它的核酸结构也与 λEMBL 3 置换型载体结构相类似。但是相比较于以上 2 种置换型载体来说,它的独特点在于填充片段的两端含有稀有酶切位点 Sfi Ⅰ,便于将外源片段切下。它的可应用范围更广。

在实验中,应用置换型载体克隆外源 DNA 主要包括 3 个步骤:①根据每种载体的特性和实验要求选择合适的限制性核酸内切酶剪去可替换的 λDNA 或非必需区域。②将处理后的 λDNA 的黏性末端与外源的 DNA 片段进行连接。③将重组后的 λDNA 分子进行筛选,然后进行后续包装增殖,从而得到能感染宿主细胞的 λ 重组噬菌体。

置换型载体克隆外源 DNA

二 黏粒载体

在上述的 λ 噬菌体的介绍中可以知道它自身的 DNA 分子片段比较大,一般需要大于 36.5 kb,这一条件就限制了能够插入的外源 DNA 的长度。为了能满足更多的实验条件,实验人员研究发现如果保留 λDNA 片段内的 cos 位点以及参与组装相关的核苷酸序列,就能提高 λ 噬菌体的克隆效果,这样的条件存在于 λDNA 左右两端大于 280 bp的分子片段内,因此在实验中只需要保留这一范围内的核苷酸序列就能达到实验效果。根据这一条件,学者们研发出来了黏粒载体(cosmid),意思是具有黏性末端特性的质粒,这是将 λ 噬菌体和质粒相结合出来的新型病毒载体。

黏粒载体示意

(一)黏粒载体的结构特征

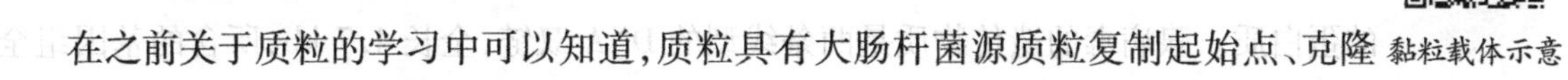

在之前关于质粒的学习中可以知道,质粒具有大肠杆菌源质粒复制起始点、克隆

位点、选择标记基因等基本构件,拥有完整的复制子,能进行自主的复制和增殖,同样也可以作为质粒载体转化宿主细胞例如大肠杆菌等。而 λ 噬菌体作为病毒载体,它的转导效果比较好,比起质粒载体能够更有效地将外源 DNA 转导到宿主细胞内。黏粒载体就是有 λ 噬菌体的 cos 位点序列(将 DNA 包装到 λ 噬菌体颗粒中所需的 DNA 序列)和质粒的完整复制子(ColE1)所构成。这样的黏粒载体同时具备了 λ 噬菌体和质粒的特点。黏粒载体的优点主要有以下几点:

1. 能高效地将外源 DNA 通过 λ 噬菌体载体转导入大肠杆菌宿主细胞内。

2. 具有完整质粒复制子,因此在宿主细胞内能像质粒一样进行自主的复制,并且在外界因子刺激下能进行增殖。

3. 黏粒载体的核苷酸序列全长一般为 5 ~ 10 kb,因为它的基因序列中 cos 序列,复制子序列以及选择标记基因的序列分子量比较小。因此可容纳的外源 DNA 分子量比较大,一般在 30 ~ 45 kb 之间。所以黏粒载体具有高容量的克隆能力。

4. 由于黏粒载体中含有部分质粒,所以它能够与同源序列的质粒进行重组。如果黏粒载体与同源的质粒同时转染一个宿主细胞时,它们俩会相互结合形成共同体。这种特殊的效应在实验中可能会干扰到标记筛选的过程,因此在往往需要对黏粒载体、同源质粒进行抗药性标记,使之在后续的筛选中能比较方便操作。

(二)黏粒载体的应用

1. 由于黏粒载体能够克隆大片段的外源 DNA 片段,因此适用于构建基因文库,同时能够减少基因文库中的重组体的数量。

2. 在单个重组体中能克隆和增殖完整的、分子量比较大的真核基因。

3. 能应用于克隆或者分子组成某一基因家族的真核 DNA 区域。

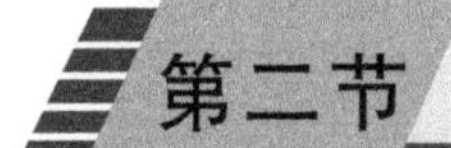

第二节 腺病毒载体

一 腺病毒的结构及性质

腺病毒(adenovirus)是一类没有外壳蛋白包裹的特殊病毒,它的结构仅由 252 个壳粒排列成的二十面体组成。组成腺病毒的物质有 13% ~16% 的 DNA 和 84% ~87% 的蛋白质。腺病毒的遗传物质是两条线型的 DNA 双链,全长 4.7 kb,所含的基因组全长为 25 ~45 kb。要想了解腺病毒作为病毒载体的功能,首先就要研究腺病毒相关的遗传特质,目前关于腺病毒遗传物质以及增殖的研究比较具体,接下来我们以干扰腺病毒为例,讲解腺病毒的特殊复制增殖过程。干扰人腺病毒(HAdV)的遗传物质是大约 36 kb 的线型双链基因,它的两端含有反向重复序列,长度约为 100bp,两条双链的 5′末端以共价键依附在末端蛋白上(TP,大小约为 55 kDa)。腺病毒感染宿主细胞后,复制出 100 万份病毒 DNA 仅需要 40 h 左右,因此腺病毒的 DNA 复制是一个非常高效的过程。腺病毒的 DNA 复制起点位于两条链的末端反向互补重复序列内,复制起点的长度在 1 ~50 kb 之间。复制起点内 18 bp 的序列构成最小单位的起点,其余 32 bp 左右的复制起点作为辅助起点发挥作用。而腺病毒的复制机制往往受到体外系统的调控,体外系统能利用游离的遗传物质或者蛋白质复制出 HAdV-5 和 HAdV-2 2 种 DNA。体外游离蛋白质诱发的 DNA 合成通过将 dCMP 残基共价添加到末端蛋白(pTP)的 80 kDa 前体而开始合成。整个 DNA 复制过程需要 3 种由 E2 基因编码的病毒蛋白参与,分别为 pTP、腺病毒 DNA 聚合酶(AdV Pol)和 DNA 结合蛋白(DBP),以及 2 种细胞转录因子(NFI)和 Oct-1 结合辅助因子,从而增强腺病毒的复制效率。在复制的最后阶段,末端蛋白(pTP)被病毒蛋白酶切割成 TP,产生后代 DNA,随后将其包装在病毒体中。

腺病毒 DNA 复制起始

早期已有研究出携带异源 DNA 片段的重组病毒,这使腺病毒作为基因转移载体而应用于实验成为可能。重组腺病毒载体是以腺病毒为基础发展起来的病毒载体工具,它可以通过受体所介导的内吞作用进入到宿主细胞内,跟其他病毒载体相比,比较特别的是腺病毒基因组不会整合进入宿主细胞基因组中。腺病毒载体作为病毒载体为基因传递提供了许多优势:①它们易于传播;②无论其生长状态如何都可以感染大多数细胞类型;③在其最新的实施方案中它们可以容纳较大的 DNA 插入片段。腺病毒载体已被证明是开发针对靶向中枢神经系统病理状况的新型疗法的宝贵资源,包括阿尔茨海默病和脑瘤形成性病变等。某些基因工程化的腺病毒载体不仅可以显著地、有效地且特异性地将基因传递给靶细胞,而且还可以通过在癌细胞内选择性复制而充当抗癌药。由于人们对将腺病毒载体用于各种目的保持着极大的兴趣,病毒载体生产方案越来越精细化。在这里,我们描述了完整生成腺病毒载体的过程。腺病毒作为一种常用的基因操作工具,在心血管、肝、肌肉、肺肿瘤及其他领域广泛应用。在本节中,将回顾腺病毒载体的开发,从使用所谓的第一代 E1 缺失病毒到最新一代的高容量辅助依赖载体。描述了它们在临床中的使用实例,以及探索这些载体改进的方向。

腺病毒是目前唯一已知的非致病性人类 DNA 病毒,基于腺相关病毒的载体在国内外的所有实验室和动物研究中均被列为风险第一类病毒。已发现的在人体内存在的腺病毒大约有 52 种,分别定名为 ad1 ~ad52,其中研究得比较透彻的是 ad2。由于腺病毒的种类繁多,这使腺病毒载体种类也多种多样。多种腺病毒(Adv)载体系统已被证明是基因传递的有利之选。它们可以作为预防几种常见传染病的潜在候选疫苗,并有望用于基因治疗,尤其是癌症方面。目前,几种基于 Adv 载体的疗法正在全球各个临床进行试验。由于这些载体易于操作,具有广泛的适用性并具有产生高滴度的能力,因此这引起了临床医生和研究人员的极大兴趣。虽然它在自然感染和动物中的表面安全性已经得到了很好的证实,但是我们仍然需要查阅腺病毒在生物学和载体学等方面知识,从基因治疗临床试验中学到经验教训,以及应用这些信息到腺病毒载体的设计和制造中。

二 腺病毒载体的构建

在本节中,将介绍几种腺病毒载体的构建以及应用。描述它们在临床中的使用实例,以及探索对这些载体进行改进的当前领域。

(一)构建重组 AdEasyTM 载体

由于腺病毒的线型双链 DNA 的分子含量比较大并且它所携带的基因组别也很大(约为 36 kb),所以在实验中比较难于操作。其次它的核酸序列内几乎含有所有的限制性酶切位点,容易被内切酶切去必需核苷酸序列。所以在技术上将外源 DNA 分子通过同源重组插入到腺病毒中是比较可行的方式。AdEasyTM 系统是在 1998 年由 T. C. He 等构建的用来代替传统腺病毒重组系统的一个新型重组系统,在这个 AdEasyTM 系统中只需 2 步就可产生重组腺病毒:先将表达盒装入转移载体,然后再通过同源重组插入到腺病毒基因组。

具体的腺病毒载体构建策略如下。

1. 根据 cDNA 的特点可分为 2 类:当 cDNA 含有黏性内切酶位点且处于正确位置,那么可将它直接克隆导入转移载体。如果没有黏性内切酶位点,可以采用钝末端内切酶位点,也可用含有合适的酶切位点的引物进行 PCR 或连接含有酶切位点的接头使 cDNA 产生新合适的酶切位点。PCR 插入酶切位点的方法较快速,但对于长 cDNA 则应使用连接接头,因为在扩增过程中 Taq 酶可能会使序列的某些位点发生突变。

2. 用限制性内切酶分析或 PCR 的方法对插入的外源基因进行鉴定。

3. 转化之前用 PmeI 酶或 EcoR Ⅰ酶将转移载体重组子线性化,消化应尽可能彻底,以减少背景信号的干扰。

4. 在琼脂糖凝胶上观察消化产物,若消化已完全,放入 65 ℃环境中 20 min,进行灭活。

5. 凝胶纯化线性化载体。尽管胶纯化可能会降低转化效率,但消化不完全往往将产生较高的背景信号干扰,从而降低重组率。另外可以采用线性化质粒去磷酸化,这也有助于降低背景信号干扰。

6. 重悬纯化的 DNA,浓度至少为 0.2 μg/μL。每个转化实验取 1 μg 进行,包括对照组。

根据以上插入重组外源 DNA 的方法制备腺病毒载体这个过程中涉及到复杂而精细的实验反应,甚至其中还会涉及到基因的突变或者基因重构,从而导致构建的腺病毒载体可能呈现出不符合预期的效果,因此我们需要对重组后的腺病毒载体进行筛选和纯化。筛选的基本原理是测定腺病毒蛋白表达能力以及病毒体的增殖能力。相应的采用的方法有 Southren 杂交的方法测定病毒体的增殖能力以及复制能力、应用 Western bolt 测定腺病毒载体的蛋白表达水平、聚合酶链式反应测定相关基因的表达水平,当然有时会根据实验要求采用免疫测定方法测定,这个方式检测速度比较快,大约 3 d 就可以完成,但是它的弊端是测定的准确度比较低。

综上所述,采用 AdEasyTM 系统是实验操作用中应用比较早的技术手段,可允许插入 7.5 kb 的外源 DNA,操作所需要的时间比较短,操作方法简单以及后续需要的筛选过程不复杂,因此在实验中应用得比较广泛。

(二)腺病毒载体制备过程

1. 实验材料　氨苄西林、β-半乳糖苷酶、小牛血清白蛋白、氯化铯、Medium DMEM 培养基、二甲基亚砜、二硫苏糖醇、溴化乙啶、胎牛血清、磷酸盐缓冲液、三羟甲基氨基甲烷硼酸盐/乙二胺四乙酸、50% 组织培养感染剂量、buffer、无水乙醇、去离子水。

2. 实验步骤

(1)菌液的制备

1)取含有目的基因的甘油菌液(放置于-80 ℃或者-20 ℃的冰箱中冷藏),待菌液在自然条件下融化后,在超净工作台上用接种环划线接种于氨苄抗性的平板上,在 37 ℃的恒温环境中倒置培养 12 ~16 h,待平板长出菌落后,挑选生长状况良好的单克隆菌落。如若没有适合的菌落,需要重复实验直至有适合的单克隆菌落长出来。

2)将挑选出的单克隆载体接种于 15 mL 氨苄抗性的 LB 液体培养基中,在恒温 37 ℃下,振荡培养 12 ~16 h(振荡频率为 220 r/min)。

3)将振荡培养后的 LB 菌液分装到 7 个 2 mL 的离心管中,放入超速离心机中离心 10 min,弃上清(离心管倒置于纸巾上,吸干上清),细菌沉淀待用。

(2)腺病毒 DNA 的提取

1)首先用悬浮液例如 buffer 液对细菌沉淀物质进行打散悬浮,标准是细菌块不会凝集,最好是呈单个悬浮状态。

2)取 300 mL 的 buffer S3 加到装有悬浮液的试管中,充分翻转,这一步是为了使菌体裂解,裂解的最好结果是悬浮液变成澄清的液体,达到这个效果就可以停止了。

3)为了使裂解后的菌体能够相互凝集,在溶液中加入 300 mL 低温的 buffer S3 溶液,同样充分翻转。

4)上述溶液静止后,抽取上清液到制备管中,离心 1 min,取出制备管,吸掉上清滤液。

5)加入 buffer W1 继续离心 5 000 r/min,1 min,扔弃上清滤液;继续加入 buffer

W2,离心 1 min,弃上清滤液。重复加入 buffer w2,离心 1 min,扔弃上清滤液,留下沉淀。

6)最后将沉淀继续离心 12 000 r/min,1 min,甩干乙醇。

7)取出制备管,在制备管膜上均匀滴加 100 ~ 120 μL 的 eluent,静置 1 min 后,再次离心 1 min 后收集离心液,这就是腺病毒载体的初液,放于-20 ℃的冰箱内保存。

(3)腺病毒载体初液的酶切

1)制备相应线性化体系,体系中包括:10 × NEB buffer 1(10 μL)、100 × BSA(2.0 μL)、Pac 1(1.0 μL)、质粒(10 ~ 20 μL),最终加去离子水达到最终体系 200.0 μL。

2)将初液加入上述体系后,放入 37 ℃的恒温箱中保存 17 ~ 20 h。

3.腺病毒载体纯化　经过以上步骤就制备好了腺病毒载体,但是在实验过程中,我们往往还需要对腺病毒载体进行纯化,纯化的步骤可分为以下几步。

(1)将酶切后的产物离心后转入 EP 管内。然后在 EP 管内加入等体积的氯仿,摇匀后离心。

(2)吸取上清液移至新的 EP 管内,加入 20 μL 的 NaAc 及 2.5 倍的预冷无水乙醇,摇匀后呈现的絮状物就是 DNA,静置 3 h 后,离心 15 min。

(3)丢弃上清液,在沉淀物中加入 75% 乙醇 1.5 mL,再次沉淀,8 000 r/min 离心 10 min,弃上清。

(4)重复步骤(3)(4)两次,沉淀后取出离心管。转移至生物安全柜内操作。

(5)晾干酒精后,加入去离子水溶解,在 4 ℃的环境内保存 12 h,然后用枪打匀。5 倍稀释后电泳测定 DNA 浓度。

(6)计算腺病毒浓度,并且做好标记,于-20 ℃下保存便于以后使用。

在介绍关于腺病毒载体的构建流程之后,可以看出它的相关操作过程比较简单易懂,相比起其他的病毒载体构建过程来说比较简单。而且腺病毒载体的转载效率是很高的,它也是第一例在体内也能有效传递基因的载体。关于腺病毒载体的应用优点主要有以下几点:①对人的致病性较低,在一系列的动物试验中可以看到,腺病毒载体引起副作用的概率比较低。②可用宿主细胞较多,由于腺病毒的种类繁多,所以它对应的宿主细胞也比较多,这样可以扩充在实验过程中的选择范围。③突变概率较低,因为腺病毒独特的复制条件,它可以不插入到宿主基因中发挥作用,因此它不会导致插入突变性,提高了腺病毒载体的使用安全性。④与人类基因是同源的,因此它作为能在人体内传递基因载体而被发现。⑤无须辅助病毒 DNA 参与,可容纳的外源 DNA 长度范围比较广。

腺病毒载体在许多不同的临床应用中已有广泛的经验,并且安全的剂量和途径已被广泛确立。在全球范围内,腺病毒载体是临床试验中最常用的载体:迄今为止,已有 476 项使用腺病毒载体开展的人类基因治疗研究,占所有基因治疗试验的 23.5% 。例如:腺病毒载体可用于来测试病毒衣壳的修饰是否可以增强病毒的治疗特性,例如器官(或癌症)特异性归巢。这些设计策略将继续进行,并在限制副作用的同时允许更高的剂量。

有关腺病毒载体的研究仍在进行中,但是因为对腺病毒的了解还不够彻底,所以还有一些问题仍等着我们深度挖掘,比如与使用腺病毒载体有关的先天性和适应性免疫反应有关的安全性,而且我们还无法通过工程化腺病毒载体有效地规避抗腺病毒免疫。在目前的研究中,尽管无肠腺病毒载体可能是最满意的答案,但有效的腺病毒衣壳免疫原可能会演变出更复杂的问题。

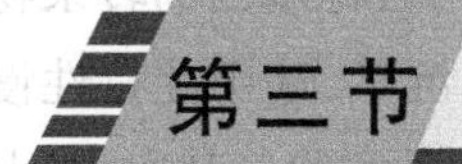

第三节　慢病毒载体

一　慢病毒的结构及其性质

慢病毒(lentivirus),之所以称为慢病毒是因为相对于其他病毒的孵育过程更长。同时在动物体或者人体内,慢病毒往往涉及一些慢性疾病的病理学,例如血液疾病或者神经系统疾病。慢病毒也称为人类免疫缺陷Ⅰ型病毒(HIV-1),是反转录病毒的种属。反转录病毒的定义特征是其通过病毒编码的逆转录酶将其 RNA 基因组转化为 DNA 中间体的能力。后续由另一种病毒酶(整合酶)催化将导致该 DNA 分子整合到宿主染色体 DNA 中,并以原病毒的形式存在。基因组整合是半随机的,优先发生在转录活性位点。慢病毒具备了逆转录病毒的某些特性:①病毒核酸分子是正链双链 RNA,核酸序列中含有顺式功能基因,以及反式功能基因。②病毒含有 RNA-DNA 聚合酶(retrotranscriptase)能够进行自我复制,这对于外源 DNA 的表达具有很高的利用性。③关于蛋白质的分布,病毒内含有核糖蛋白,在外壳蛋白上反转录病毒含有特殊的糖蛋白,哺乳动物的细胞膜上具有它的特异性受体,能够相互识别,从而加速逆转录病毒进入宿主细胞内。④逆转录病毒的基因组序列中必须含有 3 类基因:gag 基因、pol 基因和 env 基因,这 3 种基因主要负责编码结构蛋白质的合成,以及一些涉及病毒复制的酶,逆转录酶,RNase H,整合酶和蛋白合成酶。⑤逆转录病毒的 RNA 基因组的两侧是两个短的冗余(R)序列。它们与分别在 5′和 3′末端发现的唯一序列 U5 和 U3 相邻。

但是慢病毒作为逆转录病毒的种属也有特殊的结构性质:①逆转录病毒由于没有组织特异性,所以在实验过程中只能感染处于分裂期的细胞,这样导致实验滴度比较低,而逆转录病毒如果作为载体使用,它可能会产生具有复制能力的病毒,所以使用效果并不好。但是慢病毒载体在逆转录病毒载体的基础上进行修正,将外壳蛋白改为水疱性口炎病毒的外壳G糖蛋白(VSV-G),这样增强了它的安全性以及实验滴度。②慢病毒转导外源DNA效率更高,宿主细胞使用范围更广,例如干细胞、神经元细胞等都可感染,可持续性表达。③慢病毒的基因组比逆转录病毒基因组更复杂,编码许多其他逆转录病毒中不存在的调节蛋白和辅助蛋白。这种复杂性反映在它的复制周期中,揭示了复杂的调节途径和病毒持久性的独特机制。这些区别于逆转录病毒的性质使慢病毒相对于其他逆转录更适用于作为病毒载体。

慢病毒的应用主要体现在2个方面:第一是RNA干扰(RNAi)技术,第二是作为病毒载体。首先RNAi取决于双链RNA(dsRNA)的形成,其反义链与目标基因的转录物互补。慢病毒系统的主要优点是,它将允许非分裂细胞中的基因沉默,基于此特性慢病毒系统将扩大基于RNAi的基因沉默系统的实用性,可应用于多种实验。其次,在上述总结中,已经知晓慢病毒作为基因载体具有很大的优势。在慢病毒的应用史中,主要经历了3次改革创新:第一代慢病毒载体将慢病毒基因组中的顺式作用组件和反式表达蛋白,构建在以3个独立的质粒表达系统上。质粒中仍然保留了慢病毒部分基因。第二代慢病毒表达载体在第一代系统的基础上,将质粒中的附属慢病毒基因移除,但仍然保留慢病毒的高滴度以及转染能力。第三代慢病毒系统的安全性更高,使慢病毒的自身毒性失活,删去基因组中的tat基因,加入异源启动子。经过三代的改革更新,慢病毒作为载体的功能应该范围更广。但是考虑到慢病毒自身的毒性,科技人员对于慢病毒载体的研究从未停止,市场上甚至出现了第四代、第五代慢病毒载体系统。

慢病毒载体是一类非常强大的病毒载体,目前,人们对许多基因疗法的兴趣迅速增长。在标准二维培养条件下,基于慢病毒的基因传递对于大多数哺乳动物细胞均有效。然而,它们的构造,生产和纯化需要根据最新技术来进行,以便获得足够量的有用和安全的高纯度材料。

二 慢病毒载体的构建

在上一小节中,我们了解到慢病毒载体的实用性,但是在实验过程中关于慢病毒载体的构建是很重要的一步。所以我们将在这一节中从慢病毒的基因表达流程入手去了解关于慢病毒载体构建的实验方法。

(一)慢病毒载体的表达流程

慢病毒载体的表达流程如下:①将外源的目的基因序列克隆到慢病毒表达载体序列上。②将重组后的表达载体,与几种混合的质粒(packaging mix)共转染293T细胞。

③测定病毒上清液的滴度。如果滴度相对比较低可继续采用纯化浓缩技术，提高慢病毒的滴度。④感染细胞，检测目的蛋白的表达以及抗生素筛选符合目的细胞株。⑤分析目的蛋白的表达。⑥用收集的病毒液感染宿主细胞，检测细胞株的转染效率。

（二）慢病毒载体的构建流程

目前在实验室中应用到的慢病毒载体的数量颇多，涉及种类繁多。根据不同类型的慢病毒载体所需要的构建手段也不相同。在实验室中生产逆转录病毒和慢病毒载体最常用的方法是用慢病毒载体质粒，包装基因组质粒和包膜表达质粒瞬时转染293T细胞。通过超速离心浓缩载体上清液获得高滴度原液。在这里我们以POSTN基因慢病毒表达载体为例介绍相关慢病毒载体的构建方法。

1. 实验材料

（1）主要实验试剂：琼脂糖、pLenO-GTP载体、DL2000 DNA ladder、T4 DNA ligase、T4 DNA ligase buffer、Taq polymerase、$MgCl_2$、dNTP、BSA、Primer、NucleoBond Xtra Midi Plus、AxyPrep质粒小量制备试剂盒、制备感受态试剂盒、异丙醇。

（2）主要实验器材：荧光倒置显微系统、稳压DNA电泳仪、实时荧光定量PCR、CO_2培养箱、电热恒温振荡培养器、小型台式高速冷冻离心机、超净工作台、高速离心机、超高速离心机、细胞培养瓶、培养皿。

2. 基本策略

（1）PCR扩增POSTN基因，达到实验要求长度。

（2）限制性内切酶酶切病毒载体。

（3）重组外源DNA及慢病毒基因组序列。

（4）将重组后的核酸序列转导入感受态细胞中（感受态细胞需要提前制备，具体过程可参考有关实验手册）。

（5）进行阳性克隆鉴定主要分为两个方面：酶切鉴定和挑选阳性克隆细胞株进行测序。

（6）阳性克隆质粒的抽提。

3. 实验步骤

（1）pLenO-GTP载体酶切：pLenO-GTP载体是采用第一代慢病毒系统所制备出来的慢病毒颗粒，主要使用质粒载体和包装质粒以及外壳包膜质粒共转染293T细胞后所制备。

1）25 ℃的条件下，对pLenO-GTP进行双酶切4 h，反应体系如下：

Nhe Ⅰ(0.5 μL) NotⅠ (10 U/μL, 0.5 μL) BSA (0.3 μL) 10 × Buffer(Ⅲ)(3.0 μL) pLenO-GTP(10.0 μL)去离子水15.7 μL　总体系体积为30.0 μL

2）酶切后的系统进行水浴降温15 min，体系温度为65 ℃。

（2）PCR扩增POSTN基因。

1）设计引物：POSTN-For：5′-CTAGCTAGCATGATTCCCTTTTTAC-3′。

pLenO – GTP载体酶切

POSTN-Rev:5′-TTTGCGGCCGCTCACTGAGAACGAC-3′。

2)反应体系37 ℃中进行4.5 h。

3)设定PCR系统参数:94 ℃ 2 min,98 ℃ 10 s,59 ℃ 30 s,68 ℃ 2.5 min,30次循环,70 ℃ 5 min。

(3)POSTN基因PCR后对产物进行酶切。

1)在37 ℃的条件下,对POSTN进行双酶切4 h。

2)酶切后的系统进行水浴降温15 min,体系温度为65 ℃。

(4)电泳鉴定:将上述2个步骤的产物pLenO-GTP载体酶切产物以及酶切后的POSTN基因PCR产物加样到1%的琼脂糖胶上,进行酶切结果测定。

(5)琼脂糖胶回收(主要针对POSTN的酶切后PCR产物)。

1)在紫外线灯下切下含有目的DNA的琼脂糖凝胶,用吸水纸吸干表面残留液体,并用小刀切碎。

2)计算上述凝胶重量,并且放入比凝胶体积多3倍的Buffer DE-A中,混合均匀后在65 ℃的水浴锅中隔水加热使凝胶块融化。

3)融化后的混合液中再次加入1.5个体积(相对初始凝胶体积)的Buffer DE-B,混合摇匀。根据情况,当DNA片段较小时,可加入1个体积的异丙醇。

4)将上述摇匀液吸取到DNA制备管中,在超高速离心机(12 000 r/min)中离心1 min。弃上清,留下沉淀。

5)在制备管中加入0.5 mL的Buffer W1,再次放入超高速离心机中离心30 s后,弃上清,留下沉淀。

6)再次在制备管中加入0.7 mL的Buffer W2,超高速离心机离心30 s,弃上清。并且重复这一步,弃上清,留下沉淀。再次离心1 min。

7)将上一步后的制备管放于洁净1.5 mL离心管中,加入25~30 μL水,静置5 min后,离心1 min,洗脱DNA。

(6)重组反应:在备好的反应体系中,加入pLenO-GTP载体和扩增后POSTN基因,在16 ℃下反应12 h左右。

(7)应用$CaCl_2$法制备大肠杆菌感受态细胞,具体操作流程,可参考第二章第十一节。

(8)主要采用Axygen质粒抽提试剂盒,根据说明方法抽提质粒。

(9)重组后质粒鉴定。

1)采用荧光实时PCR鉴定GTP-HA-POSTN。

2)酶切测定:取上述阳性克隆体进行双酶切,反应温度为37 ℃,反应时间4 h。

(10)阳性克隆测序并且进行结果分析。

4.操作注意事项

(1)慢病毒是免疫缺陷类病毒,虽然经过改造它失去了复制能力,但是在操作过程中要严格按照生物二级实验室操作规范,避免病毒感染操作人员,且操作废物要用过氧乙酸浸泡 30 min 后再丢弃,避免污染环境。

(2)关于病毒的保存,在收到病毒后需要第一时间进行分装,短期保存可放于 4 ℃的冰箱中,但如果要长期保存则需要放置于−80 ℃的冰箱中。

5. 慢病毒载体的适用范围

(1)由于慢病毒的特殊基因性质,它的转染效率比较高,所以能够转染一些较难转染的细胞类型,例如原代细胞、神经元细胞和一些不分裂的细胞,这大大增加了病毒载体的适用范围。而且这一高效的转染效率能够给 RNA 干扰技术、cDNA 克隆的技术提供一个有利的技术手段。

(2)可应用于细胞株的筛选。

(3)能在活体动物体内进行试验,例如成瘤实验。

慢病毒基于其既能转导分裂细胞又能分裂细胞并产生长期转基因表达的能力,已在生物医学科学(包括发育神经科学)中得到了许多应用。而慢病毒载体的构建技术已经历了几代设计改进,以增强其生物安全性和表达特性,并已被批准用于人类临床研究。显然慢病毒载体已经成为用作于转基因递送的非常有用的工具。通过与 siRNA 和基于 microRNA 的技术相结合,慢病毒载体已成功应用于基因治疗模型,转基因动物的产生以及基因沉默。同时,由于慢病毒载体的改进的性能以及可能的生物安全性,它们有望成为犬瘟热病毒的替代品。对于这些病毒载体的大多数临床前研究已采用易于分析的标记基因来确定载体滴度和转导效率。这些载体系统适应的临床用途将越来越多地涉及其产物可能不容易测量的基因的转移,这意味着载体滴度的确定以及慢病毒载体的安全性将更加复杂。总体而言,慢病毒载体比 γ 逆转录病毒等同类病毒具有更大的优势,并且研究者已经开始使用它们进行人类临床试验。使用慢病毒载体的基因治疗模型种类也越来越多,由于动物模型在评估慢病毒载体重组和诱发疾病的潜力方面的局限性,载体设计本身应确保在体内防止逆转录病毒(RCR)的出现。希望随着科技的发展慢病毒载体新一代将展现我们一直在期待的高安全性和治疗功效。

第四节　植物病毒载体

随着技术的发展,以植物为原料的生物制品越来越有发展潜力,同时植物来源的生物制品也具有很多优点:安全性高,有效性强并且易于大量生产。最重要的是它的生产成本比较低,可以以更优惠的价格被大众使用,这为世界基础医疗建设助力。其中，植物病毒载体作为一种能够在很短的时间内生产出高水平药物蛋白的技术，它的研究和开发高速发展，并已经产生了优良的病毒表达系统，可以以有效简便的方式传递给宿主植物，而且植物病毒载体传播策略的多样性远远高于动物病毒。本节内容将介绍植物病毒系统的最新创新应用优势及其构建策略。

一 植物病毒载体的介绍

植物的种类较多，存在于其体内的植物病毒种类也繁多，已有很多植物病毒载体的研究被报道，例如，单链 RNA 病毒：烟草花叶病毒（TMV）载体、马铃薯 X 病毒（PVX）载体、大麦条纹花叶病毒（BSMV）载体；单链 DNA 病毒：西红柿金黄花叶病毒（TGMV）载体、玉米线条病毒（MSV）载体；双链 DNA 病毒：花椰菜花叶病毒（CaMV）载体。病毒在植物体内能够自主复制和系统性扩散，经过遗传学工程设计可以使外源 DNA 插入植物病毒内，并在植物体内表达。就我们目前研究得到的信息而言，植物病毒的一个特点是，所有病毒载体之间的相互作用都源于对配体受体类型的初始特异性识别。在过去的几十年里，由于传染性病毒克隆的可用性和逆向遗传学方法的出现，许多病毒配体得到了鉴定。这些配体必然是表面暴露的化合物：包膜病毒的膜糖蛋白，无包膜病毒的病毒颗粒或其他相关蛋白的胞外域。

植物病毒自身能够作为顺式表达载体，因此具有许多优点：①病毒载体的复制可反复多次进行，所以外源基因的表达水平很高。②植物病毒增殖速度很快，所以外源基因的表达时间较短。③植物病毒基因组小，容易进行遗传修饰，根据需要对基因组进行改变。④病毒载体能转染农杆菌不能转化的植物类型，这扩大了基因功能的宿主范围。接下来就主要介绍几种植物性病毒。

（一）烟草花叶病毒

烟草花叶病毒的核酸类型是一种典型的单链（+）RNA 分子，它带有 5′帽子结构，并且 5′端和 3′端都有一段高度结构化的非翻译区，基因序列全长为 6.4 kb。由烟草花叶病毒 RNA 编码的蛋白质主要有 4 类：130 kd、180 kd、30 kd 以及外壳蛋白，其中前两者是由基因组中同一个起始因子翻译而成，主要功能是参与并对复制。而后两者是由加工的亚基因组 RNA 翻译而成，30 kd 蛋白质涉及病毒的转移功能。每种蛋白质都受到不同的基因调节，从而完成烟草花叶病毒复杂的生命活动。它的外壳蛋白虽然涉及病毒体的翻转和保护作用，但是由于外壳蛋白的合成速度很快，因此编码外壳蛋白的基因位点往往用作于外源 DNA 的插入位点。

（二）黄瓜花叶病毒

黄瓜花叶病毒（CMV）属于雀麦花叶病毒科，是一种 RNA 植物病毒，特殊的是它的 RNA 呈三聚体状态，是三分子线性正义 ssRNA，分为 RNA1、RNA2、RNA3，三者编码不同功能的蛋白质。核酸分子被包裹到二十面体中，没有包膜，直径约为 29 nm，外壳蛋白只由一种多肽组成，分子质量为 24 kDa。病毒的免疫原性较弱，在实验中往往采用甲醛固定以增强其免疫原性。CMV 能被用于抗原呈递系统来表达猪圆环病毒 2 型（PCV2）衣壳蛋白的表位。此外，用该病毒攻击的猪能够表现出部分抗感染的保护作用，这表明基于植物病毒的疫苗的产生可能是对抗这种动物病原体的可行且经济的方法。

（三）马铃薯 X 病毒

马铃薯 X 病毒的遗传物质是一条线性的正义 ssRNA，核酸序列全长为6.4 kbp，核酸分子质量是 2.1 kDa，整体形态是一条曲棍状，没有包膜。病毒 RNA 分子在病毒内呈螺旋对称，5′端具有帽子结构，但是 3′不具有 Poly 尾巴结构，它的外壳蛋白由多种多肽链组成。由于 PVX 的稳定性不够强，所以目前应用比较多的是基于它所研发的车前草花叶病毒（PLAMV）的表达载体，PLAMV 有更强的抑制基因沉默活性的能力。

二 植物病毒载体的构建

（一）基本策略

（1）由于植物病毒核酸分子种类颇多，所以在应用植物病毒之前，需要对病毒的 DNA/RNA 反转录的 DNA 进行加工处理，

（2）消除植物病毒中对植物有毒性的核酸序列，去除它的致病性，但保留能转导或者转染进入植物细胞的特性。

（3）插入外源基因，重组病毒。

（4）导入到植物细胞中。

近些年来，研究得比较广的是烟草花叶病毒载体，外源基因转载到烟草花叶病毒中有 4 种模型：表面展示型、插入型、代替型、互补型。

（二）烟草坏死病毒 A 载体的构建

烟草坏死病毒 A（TNV-A）是单链 RNA 病毒，它的基因组比较简单，而且其结构已经被解析。我们采用烟草坏死病毒 A 为例，详细说明植物病毒载体的构建流程。

构建 TNV 克隆载体的策略

1. 实验材料　植物表达载体、PMD18-TNV-A 克隆载体、PUC18、DNA 聚合酶、T 克隆载体，琼脂糖凝胶；CO_2 培养箱、电热恒温振荡培养器、小型台式高速冷冻离心机、超净工作台、高速离心机、超高速离心机、细胞培养瓶、培养皿、实时荧光 PCR 仪。

2. 构建方法

（1）烟草坏死病毒 A 外壳蛋白基因的克隆

1）设计引物：引物序列如下。

tnv 1 up：5′-GAATCGCTTCGGGTATCICICTA-3′

tnv 1 down:5´-ACIICCCCTAGGCITICCGCCCCCTACAGTACAAGLTA-3´

tnv 2 up:5´-TCGATCCCAAAATCCCATCATGCAGGAAAGAAGAAC-3´

tnv 2 down:5´-TTCTCAGGATCAGCATCCATCT-3´

2)PCR 反应:以 PMD18-TNV-A 克隆载体为模板,以上述 4 个设计好的引物进行 PCR 扩增。凝胶回收 PCR 产物,并将回收的产物与 PBS-T 载体在 4 ℃的条件下进行重组,连接产物转染到大肠杆菌感受态细胞中(具体制备流程可参考相关章节)。

3)克隆载体鉴定及分析:挑选生长状况良好的单克隆载体继续培养,提取质粒,进行 PCR 后酶切鉴定,将阳性菌落送到相应生物工程公司进行基因序列的测定。

(2)中间载体的构建及鉴定

1)酶切产物回收,用 BamHI 分别酶切 PMD18-TNV-A 以及 PBS-TNV-S 质粒采用醋酸钠乙醇沉淀法回收 DNA,再用 Xbal 酶切回收产物。琼脂糖凝胶电泳回收 PMD18-TNV-A 以及 PBS-TNV-S 条带。将两个片段连接转化,鉴定阳性克隆 PMD18-TNV-1。

2)BamHI、Sac1 酶切 Puc18、pBSac-1,回收 Puc18、pBSac-1 目的条带,两片段连接转化,鉴定阳性克隆 PMD18-TNV-2。

3)BamHI、EcoR Ⅰ酶切 PMD18-TNV-1、pBSac-2 质粒,回收 PMD18-TNV-1、pBSac-2 目的条带,两片段连接转化,鉴定阳性克隆 PMD18-TNV-S。

4)pBluscript SK+、pMD18-TNV-S 质粒分别用 SalI、SmaI 酶切,回收 pBluscript SK+ 质粒的 20 962 bp 以及 pMD18-TNV-S 质粒 3 687 bp 目的条带,两片段连接转化,PCR 后酶切鉴定。SphI 单酶切后送入公司测序,阳性克隆命名为 pBluSKP-TNV-S。

(3)表达载体的构建与鉴定

1)阳性质粒 pBluSKP-TNV-S 以及 Pe1802 用 SalI、SmaI 酶切,回收两者的目的条带,用 T4DNA 连接酶对两个片段进行连接,重组产物转入大肠杆菌感受态细胞。

2)重组载体的鉴定。LB 平板培养以后,挑选长势良好的单克隆菌落,进行 PCR 分析,再与PMD18-TNV-A 相比较,确定构建效果。

植物病毒载体在植物制成的生物制剂领域中发展迅速,它的易用性和广度方面的研究是目前研究的热点。基于植物病毒改良表达载体很可能在不久的将来仍将是一种趋势。同时随着该研究领域的发展,越来越明显的是,在实际临床试验中确定基于植物的药物性能,冗长的组织培养和植物再生程序以及公众对使用转基因技术的认识和关注不足都是阻碍其发展的主要障碍。我们应该努力解决包括提高表达水平,具有更复杂的四级结构的蛋白质的产生以及与宿主特异性有关的问题,从而使植物病毒载体的有效应用更加广泛。与此同时,植物病毒在植物中瞬时表达技术的进步,植物病毒表达载体和衍生自它们的成品为世界贫困人口生产生物制剂提供了战略优势。这也为科研的进步增添一份信心。

第五节　动物病毒载体

当前,在真核细胞的基因实验中,特别是在应用于基因治疗为目的的载体系统中,因为动物转基因不能应用于质粒克隆载体,所以大多是采用动物病毒克隆载体。动物病毒载体的病毒基因序列较简单,生物分子结构研究透彻,易于改造和操作,转染外源DNA效率高,靶细胞的特异性高,这些优点是其他病毒载体无法比较的。目前,可应用为病毒载体构建的病毒细胞主要有以下几类:猿猴空泡病毒(simian vacuolating virus)、痘苗病毒(poxvirus)、杆状病毒(baculovirus)等。近些年来,针对痘苗病毒的研究最为清晰,以高效和有效的序列数据分析对30多个痘病毒基因组进行了测序,使痘苗病毒载体使用性更高。接下来,我们将以痘苗病毒载体为例,介绍相关载体构建以及其特点优势。

一　痘苗病毒的结构及其性质

痘病毒是包膜的双链DNA病毒,脊椎动物和无脊椎动物都可被其感染,并能在细胞质中完全复制并编码用于DNA复制和基因表达的蛋白质的大型包膜病毒。它的两端有10 kb左右的倒置重复序列,这往往与病毒的毒力以及宿主范围相关。其中70 bp的基因序列调控DNA复制。发夹末端连接线性双链DNA基因组的两条链。参与DNA合成的病毒蛋白包括117-kDa聚合酶,解旋酶、引物酶,尿嘧啶DNA糖基化酶,合成因子,单链DNA结合蛋白,蛋白激酶和DNA连接酶。病毒FEN1家族蛋白参与双链断裂修复。DNA被复制为长连接体,可被病毒霍利迪连接核酸内切酶解析。

基因和蛋白质的生化和功能分析已进入新时代,关于痘苗病毒的基因组已经研究得比较清晰。痘苗病毒是痘病毒家族的原型成员,最初被注释为在其200 kbp双链DNA基因组中具有65个或更多氨基酸的大约200个开放阅读框(ORF)。这些ORF中的大多数都嵌入到已带注释的ORF中,包括被截断的非编码ORF和下游移码ORF。其他ORF位于非编码区,包括位于mRNA 5′端非翻译区的一些上游ORF,基因间隔区域中的ORF和带注释的ORF的反义链。由痘苗病毒编码的小ORF可以在病毒复制中发挥基本功能。除了大多数带注释的ORF的起始位点外,还发现了约600个使用AUG或其他近同源密码子的推定翻译起始位点。

普遍的转录和翻译显然增加了痘病毒基因组的编码能力并扩展了功能库。一些新确定的 ORF 可能具有重要的结构和监管功能。从进化的角度来看,无处不在的转录和翻译可以使痘病毒表达出随机插入内源病毒基因组水平,获得细胞 DNA 的新基因。这种可塑性可以使痘病毒很快适应环境变化。

二 痘苗病毒载体的构建

痘苗病毒载体的研究于 1982 年被发表,并迅速被广泛应用于疫苗开发以及许多领域的研究。疫苗病毒载体的优点包括构建简单,有容纳大量外来 DNA 的能力和高表达水平。痘病毒载体的早期报道为其他病毒载体和重组 DNA 疫苗铺平了道路,并加速了其发展。

痘苗病毒载体

(一)痘苗病毒载体构建的基本策略

构建痘苗病毒主要采用同源重组的方法,即在外源目的 DNA 的两端插入痘苗病毒的胸苷激酶(TK)基因 DNA 片段,或者血凝素(HA)基因 DNA 片段,重组后的痘苗病毒,通过痘苗病毒的 TK 基因片段和 HA 基因片段,将外源基因整合到痘苗病毒基因序列上,然后经过包装可转导敏感的动物细胞。通过在 TK 基因片段和 HA 基因片段插入外源基因片段同时也能让痘苗病毒的毒性弱化。

(二)痘苗病毒载体的构建方法

痘苗病毒载体的宿主范围广,可参与多种实验技术手段,在这里我们主要介绍 2 种痘苗病毒载体构建:高效表达载体的构建和适用于疫苗株筛选的痘苗病毒载体构建。

1. 痘苗病毒高效表达载体的构建

(1)实验材料　兔肾细胞株、Cos-7 细胞、野生型痘苗病毒、T7RNA 聚合酶、T7 启动子、CAT 重组病毒、RK13 细胞(进行增殖继代)、核苷酸激酶、Tris-HCl、EDTA、SDS 溶液、乙醚、乙醇。

(2)实验步骤

1)含 ATI 启动子质粒的改造

· 在痘苗病毒 HA(血凝素)基因的 pSF 和 pSF2 质粒的多克隆位点中,导入 BstXI 位点。合成 A、B 两种核苷酸。

· 取 3.7 μg A、B 两种核酸,分别加于由 50 mmol/L Tris-HCl(pH 值 7.6)、10 mmol/L $MgCl_2$、10 mmol/L 硫基乙醇、50 mmol/LATP 组成的反应液中,容量为 20 μL,在 37 ℃下静置 1 h。

· 在上述体系中加入 A、B 两种核酸各 5 μL,摇匀混合后,在 70 ℃下反应 20 min,退火得到产物:5′-pG A TCCCATTGTGCTGG-3′,3′-GGTAACACGACCCTAGp-5′。

·取 0.1 μg 用 BamHI 消化后的 pSF 和 pSF2 与上述退火产物，用 TAKARA 连接 Ki t，在 16 ℃下反应 30 min 连接。将此连接产物直接转化 DH5 受体苗。

·挑选抗性菌落，进行转移杂交，再次选择杂交抗性菌落，提取质粒，然后使用 BstXI 进行酶切，并进行琼脂糖凝胶电泳。

2）早期 P7 启动子的合成

·合成自然型（C，D）和突变型（E，F）早期 P7 启动子序列，插入到上述重组质粒的 Bst XI 位点。

·各取 3.7 μg 的 C、D、E、F 寡聚核苷酸，用 MEGALABEL Ki t 进行 T4 多核苷酸激酶处理，在 70 ℃时进行退火。

·用 Bst XI 酶切处理上述 2 大步的退火产物并连接，用 C/E 作为探针进行菌落原位杂交，得到阳性克隆，再用 BamHI 酶切质粒 DNA。在 P7.3 启动子下游插入 CAT 基因。

·将 pSV2 CAT 用 HindI 和 Sau3AI 酶切，用 Klenow 补齐平端化后，插入上一步的质粒 DNA 中。同时将 CAT 基因插入 TK SmaI 位点中，此重组质粒只含 ATI 启动子。

3）表达 CAT 蛋白重组痘苗病毒的构建

·对痘苗病毒 DNA 序列和含有 CAT 基因的重组质粒 DNA 序列进行共转化和体内重组。

·如上制备的病毒粒子于 10 mmol/L Tris-HCl（pH 值 7.8）、5 mmol/L EDTA、0.5% SDS 溶液中，加入蛋白酶 K，使其终浓度为 50 μg/mL，37 ℃保温 4 h 后，用氯仿/酚抽提 3 次，再用水饱和的乙醚抽提 3 次，用乙醇沉淀病毒 DNA。沉淀后的病毒 DNA 用 TE 溶解过夜后，放入冰箱保存，作为共转化的材料。

·用 cos-7 细胞感染野生型痘苗病毒（MOI=0.1），1 h 后用 BRL 的方法（详细方法参考相关手册）共转染。6～9 h 后更换 DMEM，继续培养 48 h。

·在 RK13 单层细胞上进行重组病毒子的筛选和空斑形成单位（plaque forming unit，PFU）测定。

·对 TK 系统来源的 p1245-CAT 重组病毒子进行体内重组后，用 BudR 进行筛选。

4）重组痘苗病毒载体表达 CAT 蛋白

·CAT 活性测定，在感染 24、36、48 h 后回收感染细胞，用 500 μL 的 0.25 mol/L Tris-HCl（pH 值7.8）、0.5 Triton X-100 在室温下裂解 10 min 后，用离心机3 000 r/min 离心 5 min，回收上清，测定 CAT 活性。

·SDS-PAGE 及 Western 免疫印迹试验，分别检测 CAT 蛋白的表达状态。

2. 适用于疫苗株筛选的痘苗病毒载体的构建

（1）实验材料　质粒 pIRES-neo、质粒 pSC65、菌株 TOPIO/DH5a、天坛株 752-1 痘苗病毒、Taq DNA 聚合酶、T4DNA 连接酶、Klenow 酶、胎牛血清、X-gal、G418、DAB、质粒 DNA 提取试剂盒、克隆试剂盒、测序试剂盒、病毒基因组 DNA 提取试剂盒、转染试剂盒。

(2)实验步骤

1)质粒 pJSD-neo 的构建 质粒 Pires-neo 经酶切消化以及 Klenow 酶补平后,回收含 neo-polyA 的片段,与处理后的 pJSD 按照 3 : 1 比例进行连接,转化感受态大肠杆菌 DHAα。进行酶切筛选阳性克隆 pJSD-neo。

2)pH6-neo-poly-A 和 Lac Z 基因末端 LacZ 片段的克隆和质粒 pV175 的构建

·以质粒 pJSD-neo 为范本,以 5′-TAC CAG TTG GTC TGG GGA GAC CATTAC CCA C-3′和 5′-GAA AAC CTT ACA GAT TTC TCC GTGATA GGG ATC G-3′为引物,进行 PCR 扩增。

·以 LacZ 基因片段为范本,以:5′-GAC AAG CTT GTT TAC ACA TGG CCC ACA CCA GTG-3′和 5′-CCA GAC CAA CTG GTA ATG GTA GCG AC-3′为引物,进行扩增。

·回收目的条带,经 Not I 酶切消化和 Klenow 酶补平后,与处理后载体 pSC65 进行连接,转化感受态大肠杆菌 DH5a。转化子 DNA 通过酶切鉴定后筛选正向阳性克隆 pV175。

3)表达载体 pV175-syngonerf 的构建

·质粒 PCR—script C—clade syngpnef 经处理后挖胶回收目的基因片段 syngpnef。

·上述基因片段与 pV175 在 4 ℃的条件下连接过夜,转化感受态大肠杆菌细胞 TOP10(制备方法参考相关手册)。

·提取转化子质粒,进行 DNA 酶切筛选阳性克隆 pV175-syngonerf。

4)重组痘苗病毒的构建、筛选及纯化

·pV175-syngonerf 质粒转染鸡胚成纤维细胞(经由痘苗病毒天坛株感染后),在 37 ℃ CO_2 培养箱培养 3 d,冻融 3 ~ 5 次后收取病毒。

·部分收获的病毒继续转染鸡胚成纤维细胞,挑选蓝色的噬菌斑。

·蓝色噬斑经纯化三代后,抗体染色法进一步筛选阳性重组病毒。再用 Eagle's 培养液铺斑,挑选白色噬斑纯化三代。

·进一步筛选阳性重组病毒。此时的白色噬斑就是含有目的基因的重组痘苗病毒。

5)重组痘苗病毒载体的鉴定

·PCR 法:将上述阳性重组病毒进行 PCR 扩增鉴定重组病毒中的目的基因 syngonerf 的整合以及重组病毒中的标记基因 neo 是否被删除。

·Dot blot 法鉴定质粒 PJSD 相关基因是否表达。

·Western blot 检测重组痘苗病毒中目的基因 syngonerf 的表达情况。

痘病毒是一种特殊的 DNA 病毒,不能在哺乳动物细胞中复制,为需要较长时间的瞬时基因表达提供了重组载体的来源,它常作为载体被用来表达大量的外源基因。对调节宿主免疫反应的病毒编码基因的进一步了解导致产生了具有不同水平的免疫诱导的特殊设计的载体。痘苗病毒是重组痘病毒的原型,能产生强有力的抗体并且诱导 T 细胞反应。这一特性导致了重组痘苗病毒常作为艾滋病毒和癌症疫苗的应用。细胞因子、共刺激分子和趋化因子等宿主免疫分子的鉴定为重组痘病毒载体和表达转基因的天然免疫和适应性免疫应答提供了一种全新的方法。本节论述了痘苗病毒作为病毒载体的构建及其优点。

随着痘病毒复制和宿主相互作用的研究进展,痘苗病毒载体得到了许多改进。这些改进包括更强的启动子,从插入的基因中除去痘病毒转录终止信号,除去免疫调节基因,沉默密码子突变以增强稳定性,可替代的选择系统等。之所以痘苗病毒的创新和开发如此迅速,离不开痘苗病毒载体自身的优点:①痘苗病毒载体的产物的生物活性和结构功能更加接近于天然产物。②表达产物不需要过多的修饰,不需要佐剂就可以袭击宿主机体产生免疫。③纯化过程以及筛选过程比较简便。④可适用于的宿主细胞广泛。⑤产物对环境适应性高,保存条件不苛刻。⑥可插入的外源基因的基因序列范围大。⑦痘苗病毒载体如果应用于动物实验,可使动物产生保护性免疫反应。基于以上的痘苗病毒载体优点,更加创新的应用正发展,例如表达 T7 的痘苗病毒被用来从 cDNA 克隆中产生感染性负链 RNA 病毒等。我们期待痘苗病毒载体的应用范围更广,基于此的痘苗病毒载体的构建技术也更加成熟。

病毒已经能进化成高效的核酸能传递到特定的细胞类型中,同时避免了被感染宿主的免疫监视。这些特性使病毒成为对基因治疗有效的基因载体。在目前的实验室中用于基因治疗的病毒载体包括逆转录病毒、腺病毒、腺相关病毒(AAV)和单纯疱疹病毒、慢病毒等。但由于这些病毒载体系统具有独特的优点和局限性,每个系统都有其最适合的应用。逆转录病毒载体可以永久整合到感染细胞的基因组中,但需要有丝分裂细胞进行转导;腺病毒载体能有效地将基因导入各种分裂和非分裂细胞,但是免疫消除往往限制了体内基因的表达;单纯疱疹病毒可以提供大量的外源 DNA 插入位点,然而细胞毒性和转基因表达的维持仍然是障碍;AAV 也感染许多不分裂和分裂的细胞类型,但可供外源基因插入大小有限;动物病毒转染效率高,但毒性掌控不精细;植物病毒传播多样性广,但由于细胞壁的存在构建方式复杂,所以关于病毒载体的创新也处于探索阶段:嵌合病毒-载体系统,结合多个病毒的载体系统以及非病毒与部分病毒合并的载体系统合并等。我们期待有更有效病毒载体出现,病毒载体构建流程更加简便,以此推动基于病毒载体的基因治疗或 RNA 干扰等技术的发展。

第六章

▶肝损伤动物模型

肝脏疾病是影响人类健康的最为常见的疾病之一，目前对于肝脏疾病的防治仍是一个严峻的课题，对于各种肝脏疾病的发病机制的研究与治疗药物的筛选，在很大程度上依赖于与人类肝脏疾病病理机制相似的动物实验模型的建立与应用。因此，建立和完善肝损伤动物模型，对于各种肝脏疾病治疗药物的筛选和发病机制的研究具有重要的意义。

本文参照相关文献，按照化学性、药物性、免疫性、酒精性等分类归纳文献资料，总结了近年来利用不同方法制作肝损伤模型的模型特点、致病机理、造模方法以及评价指标。

第一节　化学性肝损伤动物模型

化学性肝损伤动物模型是通过化学性肝毒物质，如四氯化碳（CCl_4）、D-氨基半乳糖（D-GalN）、硫代乙酰胺（TAA）等诱导肝损伤，引起与人类疾病相类似的病理生理等方面的改变而构建的肝损伤动物模型。此类模型条件要求低，技术易于掌握，可靠性强，重复性好，是目前研究抗肝损伤新药经常采用的建模方法。

一　四氯化碳肝损伤动物模型

（一）模型概况

CCl_4 肝损伤模型是一种经典的实验研究模型，在原理上和技术上具有里程碑式的地位，该模型能准确反映肝细胞的功能、代谢及形态学变化，重复性好且经济，但其效果也受如动物性别、动物质量、给药途径、给药剂量等因素的影响，在实际应用中发现，采用此方法在相同条件下造模，结果存在很大的差别。为保证模型的稳定性，应当对上述因素进行标准化。CCl_4 肝损伤动物模型的弊端为，当动物被腹腔注射 CCl_4 后，会立即出现胃肠道反应，以及平衡力失调、多饮等症状。另外，CCl_4 的伤害性大，它会同时损害动物的心、脾、肺、肾、脑等器官，造模动物死亡率较高。最后，因 CCl_4 挥发性较大，会以蒸汽或液体的形态由呼吸道、皮肤吸收，对实验人员也有一定的伤害，操作时应注意防护。

（二）致病机理

目前认为 CCl_4 导致肝损伤的主要机制与其自身及自由基代谢产物有关。CCl_4 进入机体后，在肝脏细胞内质网中经细胞色素 P450 激活，生成活泼的三氯甲基自由基、三氯甲基过氧自由基和氯自由基。这些自由基会攻击肝脏细胞膜上的磷脂分子，引起细胞膜系统发生脂质过氧化反应，损伤膜的结构和功能，还可与膜脂质和蛋白质大分子共价结合，影响蛋白质代谢，且破坏膜的结构和功能的完整性，使钙离子内流增加，影响细胞正常生理功能，最终导致肝细胞胞质中的可溶性酶渗出，肝细胞损伤坏死。

（三）建模方法

CCl_4 是经典的复制肝损伤动物模型的化学物质，CCl_4 用于肝损伤模型制备时可以有多种给药途径，包括灌胃、腹腔注射、尾静脉注射、皮下注射等。经研究人员研究发现，大鼠的 CCl_4 肝损伤模型具有良好的稳定性和重现性，且近些年来在需要建立肝损伤疾病动物模型的众多实验中，研究人员大多采用大鼠（Wistar/SD，6～8 周龄，雄性多用）作为模型动物，下文将介绍以大鼠作为模型动物时建立肝损伤动物模型的方法。

CCl_4 所致肝损伤疾病动物模型可分为急性肝损伤模型和慢性肝损伤模型 2 大类，每个类型又分别包含不同的建模方法，在每种方法中给药剂量不尽相同，且就实验结果分析，建模均获得了成功。

1. 急性肝损伤动物模型　成年大鼠按照 1 mL/kg 的剂量标准一次性腹腔或皮下注射 CCl_4（40%～50% CCl_4 植物油溶液），24 h 左右可形成急性肝损伤模型；徐叔云等对成年大鼠一次性腹腔（或皮下）注射 CCl_4 原液 1 mL/kg，并采用橄榄油或精制花生油将 CCl_4 按 1∶（1～3）稀释后按 0.8～1.6 mL/kg 的剂量标准对大鼠进行灌胃，给药 16～24 h 后处死动物即得急性肝损伤模型；刘赴平等采用 50% CCl_4 橄榄油溶液按 3 mL/kg 剂量对大鼠一次性腹腔注射，成功建立大鼠急性肝损伤模型；赖力英等应用 CCl_4 按照 4 mL/kg 的剂量对大鼠进行灌胃可使其肝功能损伤严重，成功诱导大鼠急性肝衰竭模型。

2. 慢性肝损伤动物模型　采用 40% 的 CCl_4 植物油溶液按照 1 mL/kg 剂量灌胃或腹腔注射，每周 2 次，持续 8～12 周可形成慢性肝损伤大鼠模型；Zhang 等采用 CCl_4 按照 2 mL/kg 的剂量标准对 SD 大鼠进行腹膜注射，每周 2 次，持续 9 周，可形成慢性肝损伤大鼠模型；陈勇等将实验小鼠适应性饲养 3 d 后，每 3 d 按照 10 mL/kg 剂量要求注射 1 次 0.1% CCl_4 植物油溶液，连续注射 10 次后，也可出现肝损伤相关症状，显示建模成功。在建模过程中，苯巴比妥、丙酮和乙醇等细胞色素 P450 同工酶化学诱导剂可加强 CCl_4 的肝毒性，缩短 CCl_4 慢性肝损伤动物模型的造模时间。

（四）评价指标

CCl_4 所致急性肝损伤动物模型形态学主要表现为肝小叶中央区坏死和脂肪变性，病理检查发现肝脏肿大或缩小、色黄、易脆，显微镜下肝细胞大片坏死，中性粒细胞浸润，无纤维增生，无肝细胞再生。

血清学检查发现谷丙转氨酶（ALT）、谷草转氨酶（AST）含量升高，能灵敏地反映肝损伤的程度，还可测定能反映肝脏功能的血清学指标，如总胆红素（TBIL）、总蛋白（TP）、白蛋白（ALB）、白球蛋白比值（A/G ratio）及组织病理学检查，肝匀浆脂质过氧化（LPO）或丙二醛（MDA）、超氧化物歧化酶（SOD）、谷胱甘肽过氧化物酶（GSH-Px）或还原性谷胱甘肽（GSH）等有关指标。

二 D-氨基半乳糖肝损伤动物模型

（一）模型概况

D-氨基半乳糖（D-galactosamine，D-GaIN）肝损伤动物模型在 1968 年被 Keppler 等首次应用于实验，在研究病毒性肝炎的发病机制及有效治疗药物方面是目前公认的比较好的动物模型，自问世起一直被研究人员广泛应用于医药领域的研究中。该模型的优点为：稳定可重复，D-GaIN 仅对肝脏有影响，不影响其他器官，且 D-GaIN 所致肝炎的病理生理改变与人类急性病毒性肝炎非常相似。不足之处是：该模型具有潜在的不可逆性，价格的昂贵限制了其广泛应用，且该模型属于中毒性肝损伤范畴，不适用于对有护肝作用的免疫调节剂或影响免疫系统的护肝药物评价。

（二）致病机理

D-GaIN 肝损伤动物模型中造成肝损伤的机制与其在肝内的代谢及随后对核苷酸合成的影响有关，其致病机制为：D-GaIN 是一种肝细胞磷酸尿嘧啶核苷干扰剂，能竞争性捕捉 UTP（尿苷三磷酸）生成尿苷二磷酸-半乳糖胺复合物，耗竭尿苷三磷酸，导致肝细胞的 RNA 和蛋白质的合成出现障碍，质膜受到损害，细胞器受损，引起肝细胞变性、坏死；D-GaIN 也可改变细胞内的离子浓度，引起肝细胞内 Ca^{2+} 增多，Mg^{2+} 减少，线粒体功能受到抑制，磷脂酶被激活，加速氧化自由基产生，使肝细胞损伤加剧；另外 D-GaIN 还可引起肝细胞的代谢紊乱进而导致肝损伤。

（三）建模方法

在建造 D-GaIN 肝损伤动物模型时常用质量为 200～250 g 的大鼠，常规饲养，将

D-GalN 用生理盐水配制成 10% 溶液，并用 1 mmol/L NaOH 调节 pH 值至 7.0，按照 600～900 mg/kg 的剂量标准对大鼠进行一次性腹腔注射（当剂量超过 1 000 mg/kg 时，常引起广泛性肝坏死），24～48 h 后处死制成急性肝损伤模型，所需剂量因动物机体功能状态与实验目的不同而有差异。刘霞等按照 450 mL/kg 的剂量标准给 wistar 大鼠一次性腹腔注射 D-GalN 造成急性肝损伤；李梅等筛选 D-GalN 造模的最佳剂量，比较 D-GalN造成的大鼠急性肝损伤模型的稳定性，发现以 500 mg/kg 的标准注射 D-GalN 诱导的大鼠急性肝损伤模型的肝组织形态变化显著且死亡率低，更适用于保肝新药的筛选与评价。

陈影波等使用体重为 20～27 kg 的兰德瑞斯猪，在全麻下行左侧颈外静脉置管，用以给药和抽取血标本，实验结果显示，以 0.75 g/kg 的给药标准构建的急性肝损伤模型，符合人工肝脏研究对动物模型的要求；而彭承宏等采用门静脉注射 D-GaIN 和脂多糖结合的方法来建立猪急性肝损伤模型，结果表明通过门静脉按照 0.5 g/kg D-GaIN 和 1 μg/kg 脂多糖的剂量标准进行注射，能成功构建猪急性肝损伤模型，并可用于辅助性部分原位肝移植治疗急性肝损伤的研究。

（四）评价指标

黄正明等研究表明在 D-GaIN 肝损伤动物模型中，D-GaIN 能非常明显地升高小鼠血清乳酸脱氢酶（LDH）的含量，该模型的形态学表现为弥漫性的多发性片状坏死，脂肪变性不明显，细胞内呈现大量的 PAS 染色阳性的毒性颗粒，嗜酸性小体较多见，在评价模型质量时可参考以上几项指标进行判断。

三　α-萘基异硫氰酸酯肝损伤动物模型

（一）模型概况

α-萘基异硫氰酸酯（α-naphthyl isothiocyanate，ANIT）急性肝损伤动物模型简便易行，重现性好，并且可以较大程度模拟人类药物性胆汁淤积和肝损伤的症状，是研究退黄药物的理想模型，同时也可作为筛选和研究新型保肝药及利胆药的理想实验模型。

（二）致病机理

ANIT 常用于诱导急性肝损伤模型，它是一种间接肝毒剂，目前认为 ANIT 引起的肝损伤与谷胱甘肽-ANIT 结合物的形成和胆汁排泄有关。ANIT 可与谷胱甘肽可逆性结合，然后通过小管外排途径运输到胆汁，使胆汁内 ANIT 聚积，胆管上皮细胞肿胀坏死，毛细胆管增生及小叶间胆管周围产生炎症，从而导致胆管阻塞，形成明显的胆汁淤积，胆汁分泌减少，并伴随以点状坏死为主的肝实质细胞损害，同时血清中胆红素的含量升高，产生梗阻性黄疸，最终导致了肝细胞的损伤。

(三)建模方法

急性 ANIT 肝损伤动物模型:将 ANIT 溶解于橄榄油溶液,成年大鼠按 60 ~ 100 mg/kg 的剂量灌胃给药,24 ~48 h 即可形成 ANIT 急性肝损伤动物模型。

慢性 ANIT 肝损伤动物模型:将 ANIT 溶解于橄榄油溶液,成年大鼠按 80 mg/kg 的剂量腹腔注射,每周 1 次,持续 16 周,可形成慢性肝损伤模型。

(四)评价指标

在构建 ANIT 急性肝损伤模型时,可获得多项异常指标,在病理学检查时可见以点状坏死为主的肝实质细胞损害,产生胆汁淤积性黄疸,胆汁分泌减少,且一些生化指标也出现明显异常,如肝组织中羟脯氨酸(Hyp)含量显著上升,谷丙转氨酶、谷草转氨酶、游离胆固醇浓度、总胆红素含量等明显升高,在评价模型质量时可参考以上指标来进行判断。

四 硫代乙酰胺肝损伤动物模型

(一)模型概况

硫代乙酰胺(thioacetamide,TAA)致肝损伤效果好,其诱发的肝纤维化与人肝纤维化的生化病理变化相似,在建模时具有简单易行,周期短,指标明显,动物死亡率低,成功率高,且模型相对稳定,不易逆转等优势,同时具有良好的重复性和可行性。该模型适用于肝纤维化机制的研究、治疗药物的筛选评价以及一些保肝新药的筛选等,是目前国内外最成熟和最常用的肝性脑病模型。

(二)致病机理

TAA 具有直接肝毒性作用,摄入后可经肝细胞内细胞色素 P450 混合功能氧化酶代谢活化为 TAA 硫氧化物,继而代谢产生自由基和活性氧(ROS),它们与细胞内大分子结合,引起肝细胞功能的改变继而坏死;氧化型谷胱甘肽水平的升高会导致大鼠肝损伤,也会引起肝细胞内 Ca^{2+}增多,Mg^{2+}减少,ROS 含量增加和钙稳态的破坏使线粒体内膜渗透性增加,膜电位改变,这些变化激活多个相关的导致细胞损伤或增殖的机制,从而促进肝损伤的发展。

(三)建模方法

对成年大鼠采用 400 mg/kg 的剂量腹腔注射 TAA,12 ~24 h 后建造成大鼠急性肝损伤模型;王春妍等将 TAA 按照 600 mg/kg 的剂量标准对大鼠进行皮下注射,48 h 后大鼠急性肝损伤动物模型建造完成;而魏新智等采用一次性腹腔注射不同剂量的 TAA 制作大鼠急性肝损伤模型,发现 TAA 200 mg/kg 的剂量组建模效果最好,且在给药后 24 h 急性肝损伤最明显。

除以上建造肝损伤动物模型外，TAA 还可用于制作肝纤维化模型和肝硬化模型：采用含 TAA 300 mg/L[约为 25 mg/(kg·d)]的水喂养 3～4 个月可诱导大鼠形成肝硬化模型；采用 200 mg/kg 剂量腹腔注射，每周 3 次，持续 8 周可形成典型的肝纤维化模型；Wang 等采用 4% 的 TAA 溶液以 0.2 g/(kg·d)剂量腹腔注射，每日 3 次，持续 10 周制作成大鼠肝纤维化模型，可用于治疗肝硬化药物的研发。

（四）评价指标

同四氯化碳肝损伤动物模型。

五 二甲基亚硝胺肝损伤动物模型

（一）模型概况

二甲基亚硝胺（dimethylnitrosamine，DMN）是常见的致肝癌剂，其诱导的肝损伤大鼠模型病变类似于人类肝损伤病变，形成率高，死亡率低，造模周期短，且形成病变后相对稳定，是研究肝纤维化机制、筛选治疗肝纤维化药物的良好动物模型。但该模型的缺点为：DMN 毒性大，易挥发，模型动物的排泄物在 24 h 内含毒物，易污染环境，实验人员操作时须格外注意。

（二）致病机理

DMN 具有较强的肝毒性，在体内通过微粒体代谢，代谢活化产生的甲醛和甲醇与细胞中的核酸、蛋白质等结合可造成细胞内大分子损伤，肝细胞凋亡坏死；并且模型中诱发大鼠肝窦壁肝星状细胞被活化，导致细胞增殖及胶原蛋白沉积，促进肝纤维化的形成与发展，同时促进窦内皮细胞形成肝窦毛细血管化，加重肝损伤。

（三）建模方法

DMN 肝损伤动物模型可分为急性肝损伤动物模型和肝纤维化动物模型。

1. 急性肝损伤模型 Horn 等采用 DMN 按照 5 mg/kg 的剂量标准一次性给予小鼠静脉注射后，构建 DMN 急性肝损伤小鼠模型。

2. 肝纤维化模型 Li 等采用 DMN 按照 10 μL/kg 的剂量标准腹腔注射 Wistar 大鼠，每周 2 次，持续 4 周，成功诱导了肝纤维化模型；也可用 0.15 mol/L NaCl 将 DMN 稀释为 1% 浓度，按 10 mg/kg 的剂量标准对成年大鼠进行腹腔注射，每周 3 次，持续 3～4 周也可构建肝纤维化动物模型。

（四）评价指标

Horn 等实验表明 DMN 肝损伤动物模型中的动物血清中 ALT、AST 水平明显升高，肝脏中谷胱甘肽含量和超氧化物歧化酶活性明显降低，而且肝促凝血活酶时间明显延长，在评价模型质量时可参考以上规律来进行判断。

第二节 药物性肝损伤动物模型

随着药物的广泛应用,越来越多由药物引起的肝损伤被发现,如对乙酰氨基酚、氯丙嗪、异烟肼、四环素等,也可以此制作肝损伤模型。

一 对乙酰氨基酚肝损伤动物模型

(一)模型概况

对乙酰氨基酚(acetaminophen,APAP)又名醋氨酚、扑热息痛,具有较强的解热镇痛作用,其在治疗剂量内无毒性,每日 25 g 治疗剂量下较安全,但长期或过量摄入则会使肝脏受到不同程度的损害,常用于制作急性肝损伤模型。在建模时,APAP 对小鼠十分敏感,对大鼠则不敏感。该模型与人急性肝损伤的临床特点、组织学表现均相似,是较理想的药物性急性肝损伤模型,并且还可用于因各种因素导致谷胱甘肽含量减少而引起肝细胞损伤的治疗药物的筛选。

该模型在不损害其他重要器官的同时能造成确切的肝损害,具有较好的重复性、可复制性和稳定性,且对实验人员危害较小,是研究药物性肝损伤最常用的动物模型。

(二)致病机理

APAP 在肝脏的生物转化过程中,主要是通过在肝内与硫酸盐和葡萄糖苷酸结合而失去活性,只有小部分被细胞色素 P4502E1(CYP2E1)酶氧化为高活性的有毒代谢物 N-乙酰对苯醌亚胺(NAPQI)。一般情况下,NAPQI 通过与线粒体内的 GSH 结合而被解毒,但是摄入过多 APAP 后(超过12 ~ 15 g),硫酸盐和葡萄糖苷酸被饱和,更多的 APAP 被 CYP2E1 酶转化为 NAPQI,当代谢过程中产生的大量 NAPQI 超过 GSH 的解毒能力时,未被清除的 NAPQI 则与细胞内大分子不可逆共价结合,改变其结构并影响其功能;此外,APAP 在代谢过程中会产生自由基,可引起肝细胞膜脂质过氧化,同时可通过破坏钙稳态而产生细胞毒性,从而导致肝细胞损伤。

(三)建模方法

将 APAP 溶于 40 ℃无菌生理盐水中,按 300 ~ 500 mg/kg 的剂量对 6 ~ 8 周龄的雄性 Balb/c 小鼠进行一次性腹腔注射;或将其配成质量浓度为 2.5% 的混悬液经口灌胃,按以上2种方法进行操作并于小鼠染毒24 h后处死动物,均可制成急性肝损伤模型。周琼等研究人员经过对给药方式、给药剂量、给药时间进行梯度测试后发现,当以200 mg/kg剂量对小鼠灌胃APAP后禁食不禁水,并于染毒后12 h迅速处死小鼠,此种方式构建的小鼠肝损伤模型效果十分显著,在规划实验时也可作为备选方案。

除应用小鼠建模外,赵世峰等利用杂种家犬构建APAP肝损伤动物模型,具体操作为:采用APAP对实验动物进行多点皮下注射,首次剂量为750 mg/kg,并于首次注射后9 h和24 h分别进行第2次和第3次注射,用量均为200 mg/kg,此种模型成功率为76.7%。

(四)评价指标

APAP诱导的肝损伤模型的评价指标基本如CCl_4肝损伤动物模型,但出血和脂肪变性不如CCl_4肝损伤动物模型明显,且形态学主要表现为以中央静脉为中心的圆盘状大量细胞坏死。

二 异烟肼肝损伤动物模型

(一)模型概况

异烟肼(isoniazid,INH)是一线抗结核药物,其肝毒性作用在临床上时有发生(异烟肼引起的肝损害是可以预防的,保肝药物可有效减轻损肝药物的肝毒性。保肝药物宜早期介入,否则,损肝药物应用时间越长,肝损伤程度越重,则保肝药物的干预效果越差),因其具有肝毒性常用于制造肝损伤动物模型(异烟肼与利福平联用时肝毒性明显增加,故可将二者联用来建模),多用于药物性肝损伤的研究。

(二)致病机理

抗结核药物异烟肼具有肝毒性,当异烟肼与利福平两药联用时肝毒性明显增加,其导致肝损伤的机制为:异烟肼在肝脏中代谢时,经过CYP450代谢为乙酰化异烟肼及肼,乙酰化异烟肼一方面经过乙酰化形成二乙酰异烟肼随尿液排出,另一方面与肝细胞内的大分子(蛋白质、核酸)通过共价键结合而导致肝细胞损害,也可继续水解为肼,另外在酰胺酶作用下,乙酰化异烟肼可被代谢成联胺,导致肝脏损害;而肼可与巯基反应,导致肝内的GSH耗竭而引起细胞膜及线粒体膜发生脂质过氧化反应,线粒体膜通透性改变,肝细胞损伤。而利福平在肝脏中去乙酰化,为异烟肼的乙酰化提供乙酰基,且利福平会诱导CYP450酶,使异烟肼代谢加快,乙酰化异烟肼代谢的活性中间体及肼的量相继增加,导致肝毒性明显增加。

(三)建模方法

因家兔对异烟肼敏感,故常选用家兔建立异烟肼性肝损伤模型。王福根等采用

0.135 mmol/kg 剂量的异烟肼对家兔进行皮下注射后，再每隔 4 h 皮下注射 0.128 mmol/kg 剂量的异烟肼，2 d 即可成功建立急性肝损伤模型。除家兔外，还有研究人员应用大鼠、小鼠作为模型动物来建立肝损伤模型，具体操作方法如下：廖艳等应用 400 mg/kg 异烟肼连续灌胃 14 d 制作了大鼠肝损伤模型；禄保平采用 180 mg/kg 剂量的异烟肼对小鼠进行灌胃，18 h 即可成功建立小鼠急性肝损伤模型；武谦虎等连续 6 d 给小鼠腹腔注射 100 mg/kg 异烟肼，成功构建小鼠肝损伤模型。

除单用异烟肼外，也有学者联合运用异烟肼和利福平来建立药物性肝损伤模型（利福平与异烟肼联用时，可以增加异烟肼的毒性代谢产物，从而加重异烟肼的肝损伤作用），建模方法为：对成年大鼠进行灌胃或腹腔注射异烟肼 50～100 mg/（kg · d），利福平 50～100 mg/（kg · d），持续 3～4 周，即可形成大鼠肝损伤模型。

（四）评价指标

武谦虎等实验结果显示模型小鼠 ALT、AST、碱性磷酸酶及肝指数均明显高于正常组；并可以观察到肝细胞变性、坏死、汇管区炎症、中央静脉瘀血明显增高等形态学特征，而在异烟肼和利福平联合建立的大鼠肝损伤模型中，病理学检查可见肝细胞肿胀、瘀血，羽毛状变性，小叶中心区域出现炎症等现象。

三 四环素肝损伤动物模型

（一）模型概况

四环素（tetracycline）是一种临床运用较久的广谱抗生素，国内外文献研究表明，四环素类抗生素可引起严重的肝损害。用药剂量大、静脉注射、肾功能不全时可引起血药浓度过高，造成致死性肝脏急性脂肪变性，四环素的这些特性可被用来建立肝损伤模型。

（二）致病机理

目前国内外对四环素引起的肝损伤模型研究并不多，其导致急性肝损伤的机制与自由基脂质过氧化反应关系不大，与 IL-18 有较大关系，但仍需在今后进一步研究确定。

（三）建模方法

禄保平等以 2 250 mg/kg 剂量四环素片配制成混悬液，按 20 mL/kg 的剂量灌胃 1 次，18 h 后处死，成功建立小鼠急性肝损伤模型；孙创斌等采用连续 4 d 对小鼠进行腹腔注射 2.3 g/（kg · d）四环素的方法，成功建立四环素肝损伤动物模型；赵文霞等用高脂饲料饲养大鼠，并于造模第 1 天按照 150 mg/kg 的剂量标准对大鼠进行腹腔注射四环素，其后每 6 d 按照 110 mg/kg 的剂量标准腹腔注射四环素 1 次，造模第 7 周结束时处死动物,即可成功建立大鼠肝损伤模型。

(四)评价指标

在建模实验中,对模型组小鼠进行形态学观察发现模型动物肝窦变窄或消失,肝细胞有明显核偏移,且呈弥漫性小泡性脂肪变性和水肿,脂滴多为小滴,也有大滴;进行血清学检测发现模型组动物血清中 ALT、AST 水平升高,肝细胞广泛损伤。

第三节　免疫性肝损伤动物模型

肝炎的发病不是肝炎病毒对肝细胞直接损伤引起,而是由于肝炎病毒侵入肝细胞后,激发人体的免疫反应引起的一种免疫性损伤,与免疫功能密切相关,故肝炎模型的制作,必须建立在免疫性肝损伤的基础上。研究表明,免疫性肝损伤模型的病理改变及肝细胞损伤机制与病毒性肝炎相类似,与其他肝损伤模型相比,更适合病毒性肝炎、自身免疫性肝病等病理机制的研究,该类模型的建立及应用问题已成为迫切需要解决的课题。

在选择模型动物时,根据人体肝脏免疫损伤机制的特点,同时考虑到实验动物的主要生物学特性、易获得性、经济成本和伦理原则等综合因素,当前有关免疫性肝损伤的相关研究多选用免疫反应强烈或免疫功能缺陷的近交系或突变系小鼠(如 BALB/c、C57BL、C3H/He、SCID 等品系)作为模型动物。此外,亦有学者选择其他品系的小鼠及大鼠(Wistar 或 SD 品系)成功制备免疫性肝损伤动物模型,为相关免疫性肝损伤的研究提供全新的动物模型。

一　刀豆球蛋白 A 诱导的肝损伤动物模型

(一)模型概况

刀豆球蛋白 A(concanavalin A,ConA)又名刀豆凝集素、刀豆素,是一种植物血凝素,可与多种细胞表面的糖分子残基结合。它具有较强的促有丝分裂作用以及促淋巴细胞转化反应的作用,可沉淀肝糖原,凝集马、猪、羊、狗、兔、豚鼠、大鼠、小鼠等动物及人红细胞,还能引起 T 细胞介导的肝损伤,可用于制作免疫性肝损伤动物模型。

1992 年,Tiegs 等应用 ConA 诱发了小鼠特异性肝损伤,成功建立了 ConA 诱导的免疫性肝损伤动物模型。该模型稳定，制作简便快速，无须预先致敏；有剂量依赖性，肝损害程度随药物剂量加大而加重；且损伤具有肝脏特异性，未发现肺、脾、心等肝外器官损伤。此模型是由T淋巴细胞介导的，可较好地模拟人类病毒性肝炎引发的自身免疫性肝损伤的病理生理过程，对于治疗自身免疫性肝炎的药物筛选具有重要意义。但该模型与人类病毒性肝炎相比，不存在病毒复制和肝实质持续损伤的过程，仅有利于从免疫学角度探讨发病机制和评价药物疗效。

（二）致病机理

当ConA进入小鼠体内，经血液循环聚积于肝脏，在肝窦内皮细胞的介导下结合并激活肝窦内的库普弗细胞（KC），进而活化$CD4^{+}$ T淋巴细胞，同时肝窦内大量的巨噬细胞被激活产生多种细胞因子，如肿瘤坏死因子（TNF），可直接损伤肝细胞；同时，细胞因子可进一步激活KC，并在这些细胞因子及相关黏附分子的介导下，引起免疫炎症反应，导致肝细胞及组织进一步损伤。此外，自然杀伤T细胞（NKT细胞）的活化也是ConA诱导免疫性肝损伤发生的重要机制之一。

（三）建模方法

Con A诱导的肝损伤动物模型可分为急性免疫性肝损伤模型和慢性免疫性肝损伤模型，制备方法如下。

1.急性免疫性肝损伤模型　常用6～8周龄，体重为20～30 g的雄性Balb/c小鼠，无须预先致敏，只需将ConA用PBS或生理盐水稀释，以20 mg/kg的剂量标准一次性尾静脉注射给药后6～8 h，即可形成急性免疫性肝损伤模型；除此之外，KremerM等曾选用10～14周的C57BL/6品系小鼠，通过尾静脉注射15 mg/kg的ConA诱发肝损伤，9 h后可成功建立急性免疫性肝损伤模型。

2.慢性免疫性肝损伤模型　李鸿立等采用小鼠作为实验动物，按照12.5 mg/kg的给药标准对其进行ConA（1 mol/L）的尾静脉注射，每周1次，连续6周，即可成功制出肝纤维化模型；或可采用6～8周龄的雄性Balb/c小鼠，按照10 mg/kg的剂量标准对其进行ConA的尾静脉注射，每周1次，持续8周，也可形成慢性免疫性肝损伤模型。

（四）评价指标

此模型在建模3 h后，白细胞介素-4（IL-4）、IL-6、IL-10、肿瘤坏死因子-α（TNF-α）、干扰素-γ（IFN-γ）等促炎相关细胞因子的水平显著升高，同时伴有大面积的肝内炎症反应及坏死；建模8 h后，模型动物在血清学检查中，ALT和AST水平显著升高；建模结束后，常规病理切片HE染色显示肝小叶破坏，结构紊乱，并出现散在点状、小片状或弥漫性坏死，炎症病灶在门静脉区和中央静脉区尤为明显。此外，肝细胞中发生严重的中性粒细胞、淋巴细胞、单核细胞浸润现象。

二 卡介苗和脂多糖诱导的急性肝损伤动物模型

（一）模型概况

近年来，采用卡介苗（bacillus calmette-guerin，BCG）与脂多糖（lipopoly-saccharide，LPS）联合诱导小鼠产生免疫性肝损伤的模型已有较多报道，因其造成的肝损伤与人体病毒性肝炎的发病机制有较大相似性，为临床上病毒性肝炎发病机制的研究以及为从免疫途径筛选护肝药物提供了良好的动物模型。

该模型的优势为：稳定，简便易行，损伤持续时间较久且重现性良好；不足之处在于该模型在制作过程中需用 BCG 预先致敏，BCG 批号不同，活性可能存在差别，所以实验前需对 BCG 用量进行摸索调整。

（二）致病机理

BCG 加 LPS 诱导的肝损伤的机制是以细胞免疫为主的变态反应，首先给小鼠注射 BCG，激活致敏 T 淋巴细胞，尤其是致敏肝内库普弗（Kupffer）细胞和巨噬细胞，使其聚集于肝脏，同时将抗原提呈给抗原特异性 T 淋巴细胞，形成肉芽肿，破坏肝实质；当注射低剂量 LPS 后进一步激活处于致敏状态的 Kupffer 细胞，使其释放大量细胞毒性因子，如一氧化氮（NO）、肿瘤坏死因子、白细胞介素、自由基、白三烯等造成肝细胞损害。

（三）建模方法

首先，在建模时常采用 6～8 周龄，体重为（25±5）g 的昆明小鼠或 C57BL/6 小鼠。在探究用药剂量的研究中，邱英锋等确定了采用 BCG 和 LPS 诱导动物急性肝损伤时的最佳药量配比，即菌数为 5×10^7 个的 BCG＋30 μg/kg 剂量的 LPS，具体建模方法为：首先，用生理盐水配制 BCG 溶液，使每毫升含 1×10^8 个活菌。对每只小鼠经尾静脉注射 0.2 mL（2.5 mg）BCG 溶液，致敏 T 淋巴细胞，10 d 后再次经尾静脉注射 0.2 mL（10 μg）LPS 生理盐水溶液，16 h 后取血和肝组织进行肝功能、病理、脂质过氧化等指标检测，结果显示成功建立 BCG 联合 LPS 诱导的肝损伤模型。

（四）评价指标

此模型在建模后进行血清学检测发现 ALT、AST 值升高，并在注射 LPS 的 12 h 后达到最高水平；肝脏病理学检测发现中度或重度炎性细胞浸润，且可见细胞凋亡小体和大量的肝细胞坏死现象，还可见肝窦及小血管内血栓的形成。

三 异种血清诱导的肝损伤动物模型

(一)模型概况

异种血清诱导的肝损伤模型制备简单、经济、成功率高、病变单纯、模型稳定以及与人类病程相似,为各种慢性免疫性肝损伤相关疾病的研究提供了实验动物模型;但其缺点是有自愈倾向,造模周期较长,且牛和羊血清引起的动物死亡率较高。

(二)致病机理

在20世纪60年代,Paronetto等发现利用异种血清注射可以引起肝脏的免疫损伤反应。异种血清作为异体抗原刺激小鼠或大鼠后,会激活其体内的B淋巴细胞,产生相应的抗体,进而形成免疫复合物(immune complex,IC),而后进一步激活补体并可获得免疫清除。若异体抗原未被及时清除,长期刺激机体的免疫系统,则形成的IC沉积于肝脏门脉汇管区,引起Ⅲ型变态反应,将会造成血管炎、血管周围炎,导致肝细胞坏死及组织损伤,同时刺激肝脏纤维组织的增生,发生慢性免疫性肝损伤,并发展为肝纤维化。

(三)建模方法

在建立异种血清诱导的肝损伤模型时常选择猪血清、牛血清、羊血清、人血清白蛋白等异种血清,通过对小鼠或大鼠进行腹腔、皮下或尾静脉多次注射制备该模型。如董忠等曾选雄性Wistar大鼠(体重110~120 g)皮下多点注射人血清白蛋白(共4次,分别间隔14 d、10 d、10 d),10 d后再次腹腔注射人血清白蛋白(每周2次,共8周,剂量从5 mg逐渐增至20 mg),成功制备免疫性肝纤维化模型,且纤维化形成率为100%,持续时间120 d以上。亦有学者采用猪血清,每次按照0.5 mL的剂量对SD或Wistar大鼠进行腹腔注射,每周2次,12周后模型建立成功。

(四)评价指标

此模型在建立后可观察到肝内有广泛的纤维组织增生,伴随假小叶形成,显示出典型的肝硬化表现。

第四节　酒精性肝损伤动物模型

(一)模型概况

大鼠酒精性肝损伤(Alcoholic Liver Disease,ALD)模型于 1985 年由 Tsukamoto-Fernch 建立,该模型稳定可靠、操作简单,并且在此模型的基础上还可以诱导出酒精性肝损伤各阶段的表现,包括脂肪肝、肝坏死、炎症以及纤维化等,为研究酒精性肝损伤的致病机理及快速准确地筛选对酒精肝损伤有保护作用的药品和健康食品提供了有效的手段。

酒精性肝损伤模型可分为:急性酒精性肝损伤模型和慢性酒精性肝损伤模型。急性酒精性肝损伤模型造模周期短,可以进行重复实验,增加样本量,且具有肝纤维化出现率高、造模方便、价格低廉等优点,是研究急性酒精性肝损伤的理想模型。慢性酒精性肝损伤模型与人类酒精性肝病病变相似,可用于研究酒精和营养在酒精相关性肝病中的相互作用,但该模型的缺点是造模时间长,频繁灌胃较为烦琐且操作不当可造成动物窒息死亡。

(二)致病机理

酒精性肝损伤模型的致病机制尚未明确,研究认为其可能与炎症反应、免疫病理、线粒体功能损伤、脂质过氧化反应等多种因素有关。

首先,乙醇进入机体后,在乙醇脱氢酶催化下大量脱氢氧化,在代谢过程中生成乙醛和大量的 NADH,使三羧酸循环发生障碍、脂肪酸氧化减弱而影响脂肪代谢。其次,乙醇可代谢产生 ROS,导致肝细胞膜发生脂质过氧化作用;长期乙醇暴露会损伤线粒体的结构和功能,导致生物能量减少,ROS 产生增加,GSH 减少,肝细胞坏死和凋亡进而引起肝损伤。此外,肝脏的 Kupffer 细胞在乙醇的刺激下可产生大量核转录因子 NF-kB,进而促进炎症因子 TNF-α、IL-1 等的生成,从而引起肝细胞脂肪变性、炎症、坏死,促进肝纤维的形成。最后,乙醇还可刺激肾上腺素的释放,引起肝脏血管收缩,肝窦内压升高或肝组织缺氧,导致肝细胞空泡变性,肝细胞溶解坏死。

(三)建模方法

酒精诱发的肝损伤模型可分为急性肝损伤模型和慢性肝损伤模型,急性肝损伤模型的建立方法在国内外基本一致,而据国外文献报道慢性肝损伤模型的建立基本上都是利用饲喂液体饲料加浓度较低的乙醇的方法。

1. 急性酒精性肝损伤模型　建模时常用健康成熟雄性 Wistar、SD、ICR 小鼠或大鼠，目前国内外的建模方法主要有两种：一种是用 50% 乙醇或 56° 白酒灌胃，大鼠 7 mL/kg，小鼠 16 mL/kg，每日 2 次，1～10 d，末次染毒后处死动物，检测血清和肝脏各项指标，以及肝脏病理学变化。另一种是一次性大剂量乙醇冲击，短时间内检测肝脏指标变化情况，方法是用小鼠或大鼠以 50°～60° 白酒或体积分数为 50%～60% 的乙醇一次性经口灌胃或腹腔注射 4～6 g/kg（灌胃效果比腹腔内注射要好很多），4～24 h 内取血和肝组织，检查肝功能、病理及脂质过氧化等相关的指标。

2. 慢性酒精性肝损伤模型　国外慢性酒精性肝损伤模型复制方法主要是 Tsukamoto-French 模型和 Lieber-DeCarli 模型：Tsukamoto-French 模型是给大鼠手术植入胃管，持续注入含乙醇的营养液，此方法重复率较高，但所需装置价格昂贵，不利于推广；Lieber-DeCarli 模型是配制液体食料饲喂乙醇，大鼠自行饮食摄取乙醇，此模型重复性高，稳定性好，但造模周期较长。

国内慢性肝损伤模型通常是用大白鼠以 50°～60° 白酒（常用 56° 白酒）或 50%～60% 的乙醇经口灌胃 10～15 mL/kg，每日 1 次，连续 8～14 周；同时每天饲喂造模饲料，即营养不良饲料（面粉、次粉、草粉、豆粉按 2∶1∶1∶1 比例配方，另加少量豆油及食盐），对照组饲喂常规饲料，末次染毒后 24 h 取样测定有关指标。

（四）评价指标

急性酒精性肝损伤模型以肝脏及血液中的某些化学指标的改变为主要评价指标，如肝组织中丙二醛（MDA）含量显著增加，谷胱甘肽含量明显下降，血清甘油三酯含量明显升高等，于第 10 天起出现肝内多数坏死灶的形成，伴中性粒细胞浸润，肝细胞明显脂变及糖原显著减少等与人相似的急性酒精性肝损伤的病变，但血清转氨酶和肝组织结构病变却不明显。

慢性酒精性肝损伤模型在进行病理学检查时可见肝细胞脂肪变性，坏死严重，炎症细胞浸润现象，以及一些坏死区可见明显的纤维细胞增生，相邻肝小叶中央静脉之间或相邻汇管区之间出现桥接坏死。

第五节　缺血再灌注肝损伤动物模型

（一）模型概况

缺血再灌注（ischemia reperfusion，IR）损伤是指缺血器官、组织重新获得血液供应，不仅不能使组织、器官功能恢复，反而加重了功能代谢障碍及结构破坏。IR 是影响移植肝存活率的一个重要因素，主要用于制作急性肝功能衰竭模型以研究肝移植、细胞移植和人工肝治疗效果，还可用于再灌注损伤的发病机制研究，缺血后处理以及药物后处理的研究探索，并且对于减轻及预防 IR 损伤和改善预后，具有十分重要的意义。

（二）致病机理

缺血再灌注导致的肝组织细胞损伤的机制现在被普遍认为包括微循环障碍、氧自由基过多、钙超载、Kupffer 细胞活化及细胞凋亡等。首先肝细胞因缺血、缺氧使 ATP 生成减少，细胞内能量代谢受到影响，钙离子进入细胞增多，且细胞内钠离子增多，细胞水肿，细胞膜以及线粒体功能受损。当再灌注时，氧气增多，生成大量的自由基，而此时线粒体功能受损，对氧自由基的清除能力不足，导致氧自由基增多，损伤膜系统、蛋白质、核酸及细胞外基质，从而进一步加重细胞的凋亡。另外多种细胞因子和促炎性因子也参与了肝脏缺血再灌注损伤的病理生理过程。

（三）建模方法

将动物肝脏的血管小心分离，分清几条血管供应的相应肝叶，根据实验需要用血管夹夹闭相应的血管，造成缺血，缺血时间可在几分钟到几个小时，然后松开血管夹造成血液再次灌注，再灌注时间取决于实验需要。

（四）评价指标

在建模成功后，对实验动物进行血清学检测发现 ALT、AST 含量均明显升高，且肝匀浆中 MDA 含量明显升高，SOD 活性降低；对肝组织进行病理学检查，发现肝中央静脉及血窦淤血，肝细胞变性、坏死，并伴有炎细胞浸润现象。

综上所述，目前肝损伤模型的造模方法很多，根据研究目的，选择特定有针对性的肝损伤动物模型非常必要。但由于影响肝功能的因素多，且造成肝损伤的机制复杂，无论哪种实验性模型都存在缺陷，都不能全面、准确地反映人类特定肝损伤的本质。相信随着对肝脏疾病研究的深入，相应的肝损伤动物模型将不断被完善；同时，肝损伤动物模型的完善也将推动着肝脏疾病研究的向前发展。

第七章 细胞生物学实验常用仪器

第一节 电泳仪

一 基本原理

电泳技术是分子生物学研究不可缺少的重要手段。所谓电泳,是指带电粒子在电场中的运动,不同物质由于所带电荷及分子量的不同,因此在电场中运动速度不同,根据这一特征,应用电泳法便可以对不同物质进行定性或定量分析,或将一定混合物进行组分分析或单个组分提取制备,这在临床检验或实验研究中具有极其重要的意义。电泳仪正是基于上述原理设计制造的。

电泳一般分为自由界面电泳和区带电泳两大类,自由界面电泳无须支持物,如等速电泳、密度梯度电泳及显微电泳等,这类电泳目前已很少使用。区带电泳需用各种类型的物质作为支持物,常用的支持物有滤纸、醋酸纤维薄膜、非凝胶性支持物、凝胶性支持物及硅胶 DG 薄层等,分子生物学实验中最常用的是琼脂糖凝胶电泳。

下面以 DYY-12 型电脑三恒多用电泳仪(北京六一仪器厂)为例介绍其使用方法。

二 操作方法

1. 首先用导线将电泳槽的两个电极与电泳仪的直流输出端连接,注意极性不要接反。

2. 按电源开关,系统初始化,蜂鸣 4 声,设置参数。屏幕转成参数设置状态。

U:0 V U= 100 V | Mode:STD

I:0 mA I = 50 mA |

P:0 W P= 50 W |

T:00 : 00 T= 01 : 00 |

其中:左侧大写 U:I:P:T:为电泳时实际值;中间部分显示程序的常设值(预置值)。Mode(模式):STD(标准);TIME(定时);VH(伏时);STEP(分步)。

3. 设置工作程序。用键盘输入新的工作程序。例如,要求工作电压 U=1 000 V,电流 I 限制在 200 mA 以内,功率 W 限制在 100 W 以内,时间 T 为 3 h 20 min,并且到时间自动关掉输出。操作步骤如下。

(1)按"模式"键,将工作模式由标准(STD)转为定时(TIME)模式。每按一下模式键,其工作方式按下列顺序改变:STD→TIME→VH→STEP→STD。

(2)先设置电压 U,按"选择"键,先将其反显,然后输入数字键即可设置该参数的数值。按数字 1 000,则电压即设置完成。

(3)设置电流 I,按"选择"键,先使 I 反显,然后输入数字 200。

(4)设置功率 P,按"选择"键,先使 P 反显,然后输入数字 100。

(5)设置时间 T,按"选择"键,先使 T 反显,然后输入数字 320。如果输入错误,可以按"清除"键,再重新输入。

(6)确认各参数无误后,按"启动"键,启动电泳仪输出程序。在显示屏状态栏中显示"Start!"并蜂鸣 4 声,提醒操作者电泳仪将输出高电压,注意安全。之后逐渐将输出电压加至设置值。同时在状态栏中显示"Run",并有两个不断闪烁的高压符号,表示端口已有电压输出。在状态栏最下方,显示实际的工作时间(精确到秒)。

(7)每次启动输出时,仪器自动将此时的设置数值存入"MO"号存储单元。以后需要调用时可以按"读取"键,再按"0"键,按"确定"键,即可将上次设置的工作程序取出执行。

(8)电泳结束,仪器显示"END",并连续蜂鸣提醒。此时按任一键可止鸣。

(9)工作完毕后,应将各旋钮、开关旋至零位或关闭状态,并拔出电泳仪插头。

三 注意事项

1. 电泳仪通电进入工作状态后,禁止人体接触电极、电泳物及其他可能带电部分,也不能到电泳槽内取放东西,如需要应先断电,以免触电。同时要求仪器必须有良好接地端,以防漏电。

2. 仪器通电后,不要临时增加或拔出输出导线插头,以防短路现象发生,虽然仪器内部附设有保险丝,但短路现象仍有可能导致仪器损坏。

3. 由于不同介质支持物的电阻值不同，电泳时所通过的电流量也不同，其泳动速度及泳至终点所需时间也不同，故不同介质支持物的电泳不要同时在同一电泳仪上进行。

4. 在总电流不超过仪器额定电流时（最大电流范围），可以多槽关联使用，但要注意不能超载，否则容易影响仪器寿命。

5. 某些特殊情况下需检查仪器电泳输入情况时，允许在稳压状态下空载开机，但在稳流状态下必须先接好负载再开机，否则电压表指针将大幅度跳动，容易造成不必要的人为机器损坏。

6. 使用过程中发现异常现象，如较大噪声、放电或异常气味，须立即切断电源，进行检修，以免发生意外事故。

第二节 流式细胞仪

流式细胞仪（flowcytometry，FCM）是对细胞进行自动分析和分选的装置。它可以快速测量、存储、显示悬浮在液体中的分散细胞的一系列重要的生物物理、生物化学方面的特征参量，并可以根据预选的参量范围把指定的细胞亚群从中分选出来。是可以对细胞进行自动分析和分选的装置。多数流式细胞计是一种零分辨率的仪器，它只能测量一个细胞的诸如总核酸量、总蛋白量等指标，而不能鉴别和测出某一特定部位的核酸或蛋白的多少。也就是说，它的细节分辨率为零。

一 基本结构

流式细胞仪主要由 4 个部分组成：流动室和液流系统；激光源和光学系统；光电管和检测系统；计算机和分析系统。

（一）流动室和液流系统

流动室由样品管、鞘液管和喷嘴等组成，常用光学玻璃、石英等透明、稳定的材料制作。设计和制作均很精细，是液流系统的心脏。样品管贮放样品，单个细胞悬液在液流压力作用下从样品管射出；鞘液由鞘液管从四周流向喷孔，包围在样品外周后从喷嘴射出。为了保证液流是稳液，一般限制液流速度 $v<10$ m/s。由于鞘液的作用，被

检测细胞被限制在液流的轴线上。流动室上装有压电晶体,受到振荡信号可发生振动。

(二)激光源和光学系统

经特异荧光染色的细胞需要合适的光源照射激发才能发出荧光供收集检测。常用的光源有弧光灯和激光;激光器以氩离子激光器为主,也有配合氪离子激光器或染料激光器。光源的选择主要根据被激发物质的激发光谱而定。汞灯是最常用的弧光灯,其发射光谱大部分集中于300~400 nm,很适合需要用紫外光激发的场合。氩离子激光器的发射光谱中,绿光514 nm和蓝光488 nm的谱线最强,约占总光强的80%;氪离子激光器光谱多集中在可见光部分,以647 nm较强。免疫学上使用的一些荧光染料激发光波长在550 nm以上,可使用染料激光器。将有机染料作为激光器泵浦的一种成分,可使原激光器的光谱发生改变以适应需要即构成染料激光器。例如用氩离子激光器的绿光泵浦含有Rhodamine 6G水溶液的染料激光器,则可得到550~650 nm连续可调的激光,尤在590 nm处转换效率最高,约可占到一半。为使细胞得到均匀照射,并提高分辨率,照射到细胞上的激光光斑直径应和细胞直径相近。因此须将激光光束经透镜会聚。光斑直径d可由下式确定:$d=4\lambda f/\pi D$。λ为激光波长;f为透镜焦距;D为激光束直径。色散棱镜用来选择激光的波长,调整反射镜的角度以调谐到所需要的波长λ。为了进一步使检测的发射荧光更强,并提高荧光讯号的信噪比,在光路中还使用了多种滤片。带阻或带通滤片是有选择性地使某一滤长区段的线滤除或通过。例如使用525 nm带通滤片只允许异硫氰荧光素(fluoresceinisothiocyanate,FITC)发射的525 nm绿光通过。长波通过二向色性反射镜只允许某一波长以上的光线通过而将此波长以下的另一特定波长的光线反射。在免疫分析中常要同时探测2种以上的波长的荧光信号,就采用二向色性反射镜,或二向色性分光器,来有效地将各种荧光分开。

(三)光电管和检测系统

经荧光染色的细胞受合适的光激发后所产生的荧光是通过光电转换器转变成电信号而进行测量的。光电倍增管(PMT)最为常用。PMT的响应时间短,仅为ns数量级;光谱响应特性好,在200~900 nm的光谱区,光量子产额都比较高。光电倍增管的增益可连续调节,因此对弱光测量十分有利。光电管运行时特别要注意稳定性问题,工作电压要十分稳定,工作电流及功率不能太大。一般功耗低于0.5 W;最大阳极电流在几个毫安。此外要注意对光电管进行暗适应处理,并注意良好的磁屏蔽。在使用中还要注意安装位置不同的PMT,因为光谱响应特性不同,不宜互换。也有用硅光电二极管的,它在强光下稳定性比PMT好。

从PMT输出的电信号仍然较弱,需要经过放大后才能输入分析仪器。流式细胞计中一般备有两类放大器。一类是输出信号幅度与输入信号呈线性关系,称为线性放大器。线性放大器适用于在较小范围内变化的信号以及代表生物学线性过程的信号,例如 DNA 测量等。另一类是对数放大器,输出信号和输入信号之间成常用对数关系。在免疫学测量中常使用对数放大器。因为在免疫分析时常要同时显示阴性、阳性和强阳性三个亚群,它们的荧光强度相差 1 ~ 2 个数量级;而且在多色免疫荧光测量中,用对数放大器采集数据易于解释。此外还有调节便利、细胞群体分布形状不易受外界工作条件影响等优点。

(四)计算机和分析系统

经放大后的电信号被送往计算机分析器。多道的道数是和电信号的脉冲高度相对应的,也是和光信号的强弱相关的。对应道数纵坐标通常代表发出该信号的细胞相对数目。多道分析器出来的信号再经模-数转换器输往微机处理器编成数据文件,或存储于计算机的硬盘和软盘上,或存于仪器内以备调用。计算机的存储容量较大,可存储同一细胞的 6 ~ 8 个参数。存储于计算机内的数据可以在实测后脱机重现,进行数据处理和分析,最后给出结果。

除上述 4 个主要部分外,还备有电源及压缩气体等附加装置。

二 工作原理

(一)参数测量原理

流式细胞仪可同时进行多参数测量,信息主要来自特异性荧光信号及非荧光散射信号。测量是在测量区进行的,所谓测量区就是照射激光束和喷出喷孔的液流束垂直相交点。液流中央的单个细胞通过测量区时,受到激光照射会向立体角为 2π 的整个空间散射光线,散射光的波长和入射光的波长相同。散射光的强度及其空间分布与细胞的大小、形态、质膜和细胞内部结构密切相关,因为这些生物学参数又和细胞对光线的反射、折射等光学特性有关。未遭受任何损坏的细胞对光线都具有特征性的散射,因此可利用不同的散射光信号对不经染色活细胞进行分析和分选。经过固定的和染色处理的细胞由于光学性质的改变,其散射光信号当然不同于活细胞。散射光不仅与作为散射中心的细胞的参数相关,还跟散射角及收集散射光线的立体角等非生物因素有关。

在实际使用中,仪器首先要对光散射信号进行测量。当光散射分析与荧光探针联合使用时,可鉴别出样本中被染色和未被染色细胞。光散射测量最有效的用途是从非均一的群体中鉴别出某些亚群。

荧光信号主要包括两部分:①自发荧光,即不经荧光染色细胞内部的荧光分子经光照射后所发出的荧光。②特征荧光,即由细胞经染色结合上的荧光染料受光照而发出的荧光,其荧光强度较弱,波长也与照射激光不同。自发荧光信号为噪声信号,在多数情况下会干扰对特异荧光信号的分辨和测量。在免疫细胞化学等测量中,对于结合水平不高的荧光抗体来说,如何提高信噪比是个关键。一般说来,细胞成分中能够产生的自发荧光的分子(例核黄素、细胞色素等)的含量越高,自发荧光越强;培养细胞中死细胞/活细胞比例越高,自发荧光越强;细胞样品中所含亮细胞的比例越高,自发荧光越强。

减少自发荧光干扰、提高信噪比的主要措施是:①尽量选用较亮的荧光染料。②选用适宜的激光和滤片光学系统。③采用电子补偿电路,将自发荧光的本底贡献予以补偿。

(二)样品分选原理

流式细胞仪的分选功能是由细胞分选器来完成的。总的过程是:由喷嘴射出的液柱被分割成一连串的小水滴,根据选定的某个参数由逻辑电路判明是否将被分选,而后由充电电路对选定细胞液滴充电,带电液滴携带细胞通过静电场而发生偏转,落入收集器中;其他液体被当作废液抽吸掉,某些类型的仪器也有采用捕获管来进行分选的。

稳定的小液滴是由流动室上的压电晶体在几万赫兹的电信号作用下发生振动而迫使液流均匀断裂而形成的。一般液滴间距约数微米。实验经验公式 $f=v/4.5\,d$ 给出形成稳定水滴的振荡信号频率。其中 v 是液流速度,d 为喷孔直径。由此可知使用不同孔径的喷孔及改变液流速度,可能会改变分选效果。使分选的含细胞液滴在静电场中的偏转是由充电电路和偏转板共同完成的。充电电压一般选+150 V,或-150 V;偏转板间的电位差为数千伏。充电电路中的充电脉冲发生器是由逻辑电路控制的,因此从参数测定经逻辑选择再到脉冲充电需要一段延迟时间,一般为数十毫秒。精确测定延迟时间是决定分选质量的关键,仪器多采用移位寄存器数字电路来产生延迟。可根据具体要求予以适当调整。数据处理原理:FCM 的数据处理主要包括数据的显示和分析,至于对仪器给出的结果如何解释则随所要解决的具体问题而定。FCM 的数据显示方式包括单参数直方图、二维点图、二维等高图、假三维图和列表模式等。

直方图是一维数据用作最多的图形显示形式,既可用于定性分析,又可用于定量分析,形同一般 X—Y 平面描图仪给出的曲线。根据选择放大器类型不同,坐标可以是线性标度或对数标度,用“道数”来表示,实质上是所测的荧光或散射光的强度。坐标一般表示的是细胞的相对数。

二维点图能够显示两个独立参数与细胞相对数之间的关系。横坐标和纵坐标分别为与细胞有关的两个独立参数,平面上每一个点表示同时具有相应坐标值的细胞存在。可以由二维点图得到两个一维直方图,但是由于兼并现象存在,二维点图的信息量要大于两个一维直方图的信息量。所谓兼并就是说多个细胞具有相同的二维坐标在图上只表现为一个点,这样对细胞点密集的地方就难于显示它的精细结构。

二维等高图类似于地图上的等高线表示法。它是为了克服二维点图的不足而设置的显示方法。等高图上每一条连续曲线上具有相同的细胞相对或绝对数,即“等高”。曲线层次愈高所代表的细胞数愈多。一般层次所表示的细胞数间隔是相等的,因此等高线越密集则表示变化率越大,等高线越疏则表示变化平衡。

假三维图是利用计算机技术对二维等高图的一种视觉上直观的表现方法。它把原二维图中的隐坐标——细胞数同时显现,但参数维图可以通过旋转、倾斜等操作,以便多方位的观察“山峰”和“谷地”的结构和细节,这无疑是有助于对数据进行分析的。

列表模式其实只是多参数数据文件的一种计算机存储方式,三个以上的参数数据显示是用多个直方图、二维图和假三维图来完成的。可用 ListMode 中的特殊技术,开窗或用游标调出相关部分再改变维数进行显示。例如,“一调二”就是在一维图上调出二维图来;“二调一”就是从二维图中调出一维图来。

(三)数据分析原理

数据分析的方法总的可分为参数方法和非参数方法两大类。当被检测的生物学系统能够用某种数学模型技术时则多使用参数方法。数学模型可以是一个方程或方程组,方程的参数产生所需要的信息来自所测的数据。例如在测定老鼠精子的 DNA 含量时,可以获取细胞频数的尖锐波形分布。如果采用正态分布函数来描述这些数据,则参数即为面积、平均值和标准偏差。方程的数据拟合则通常使用最小二乘法。而非参数分析法对测量得到的分布形状不需要做任何假设,即采用无设定参数分析法。分析程序可以很简单,只需要直观观测频数分布;也可能很复杂,要对两个或多个直方图逐道地进行比较。

逐点描图(或用手工,或用描图仪、计算机系统)是大家常用的数据分析的重要手段。我们常可以用来了解数据的特性、寻找那些不曾预料的特异征兆、选择统计分析的模型、显示最终结果等。事实上,不先对数据进行直观观察分析就决不应该对这批数据进行数值分析。从这一点来看,非参数分析是参数分析的基础。逐道比较工作量较大,但用直观法很容易发现明显的差异,特别是对照组和测试组。考虑到 FCM 的可靠性,要注意到对每组测量都要有对照组,对照组可以是空白对照组、阴性对照组、零时刻对照组等,具体设置应根据整体实验要求而定。对照组和测试组的逐道比较往往可以减少许多不必要的误差和错误解释。顺便指出,进行比较时对曲线的总细胞数进行归一化处理,甚至对两条曲线逐道相减而得到“差结果曲线”往往是适宜的。

三 技术指标

为了表征仪器性能,往往根据使用目的和要求而提出几个技术指标或参数来定量说明。对于流式细胞仪常用的技术指标有荧光分辨率、荧光灵敏度、适用样品浓度、分选纯度、可分析测量参数等。

(一)荧光分辨率

强度一定的荧光在测量时是在一定道址上的一个正态分布的峰,荧光分辨率是指两相邻的峰可分辨的最小间隔。通常用变异系数(CV)来表示。CV 的定义式为:CV=σ/μ(式中,σ 为标准偏差,μ 是平均值)。在实际应用中,我们使用关系式 σ= 0.423 FWHM;其中半峰全宽(FWHM)为峰在峰高一半处的峰宽值。现在市场上仪器的荧光分辨率均优于 2.0%。

(二)荧光灵敏度

反映仪器所能探测到的最小荧光光强的大小。一般用荧光微球上所标可测出的异硫氰基荧光素的最少分子数来表示。现在市场使用仪器均可达到 1 000 左右。

四 调试

流式细胞仪在使用前,甚至在使用过程中都要精心进行调试,以保证工作的可靠性和最佳性。调试的项目主要是激光强度、液流速度和测量区的光路等。

激光强度:除调整反射镜的角度以调整到所需波长的激光出光外,还要结合显示屏上的光谱曲线使激光的强度输出为最大。

液流速度:可通过操作台数字显示监督,调节气体压力大小以获得稳定的液流速度。

测量区光路调节:这是调试工作的关键。需要保证在测量区的液流、激光束、90 散射测量光电系统垂直正交,而且交点较小。一般可在用标准荧光微球等校准中完成。

流式细胞术中所测得的量是相对值,因此需要在使用前或使用中对系统进行校准或标定,这样才能通过相对测量获得绝对的意义。因而 FCM 中的校准具有双重功能:仪器的准直调整和定量标度。标准样品应该稳定,有形成分形状应是大小比较一致球形,样品分散性能良好,且经济、容易获得。常用标准荧光微球作为非生物学标准样品,鸡血红细胞作为生物学标准样品。微球用树脂材料制作,或标有荧光素,或不标记荧光素。所用的鸡血红细胞标准样品制作过程如下:取 3.8% 柠檬酸或肝素抗凝的鸡血(抗凝剂∶鸡血=1∶4),经 PBS 清洗 3 次,再用 5~10 mL 的 1.0% 戊二醛与清洗后的鸡红细胞混合,室温下振荡醛化 24 h,最后经 PBS 再清洗,贮 4 ℃冰箱中备用。需要指出的是因为未经荧光染色,所测光信号为鸡血红蛋白的自发荧光。

五 操作方法

1. 打开电源,对系统进行预热。
2. 打开气体阀,调节压力,获得适宜的液流速度;开启光源冷却系统。
3. 在样品管中加入去离子水,冲洗液流的喷嘴系统。

4. 利用校准标准样品，调整仪器，使在激光功率、光电倍增管电压、放大器电路增益调定的基础上，0 和 90 散射的荧光强度最强，并要求变异系数为最小。

5. 选定流速、测量细胞数、测量参数等，在同样的工作条件下测量样品和对照样品；同时选择计算机屏上数据的显示方式，从而能直观掌握测量进程。

6. 样品测量完毕后，再用去离子水冲洗液流系统。

7. 因为实验数据已存入计算机硬盘（有的机器还备有光盘系统，存储量更大），因此可关闭气体、测量装置，而单独使用计算机进行数据处理。

8. 将所需结果打印出来。

六 注意事项

1. 光电倍增管要求稳定的工作条件，暴露在较强的光线下以后，需要较长时间的“暗适应”以消除或降低部分暗电流本底才能工作；另外还要注意磁屏蔽。

2. 光源不得在短时间内（一般要 1 h 左右）关上又打开；使用光源必须预热并注意冷却系统工作是否正常。

3. 液流系统必须随时保持液流畅通，避免气泡栓塞，所使用的鞘流液使用前要经过过滤、消毒。

4. 注意根据测量对象的变换选用合适的滤片系统、放大器的类型等。

5. 特别强度每次测量都需要对照组。

七 应用

1. 分析细胞表面标志。
2. 分析细胞内抗原物质。
3. 分析细胞受体。
4. 分析肿瘤细胞的 DNA、RNA 含量。
5. 分析免疫细胞的功能。

第三节 荧光显微镜

一 标本制作要求

1. 载玻片 载玻片厚度应在0.8~1.2 mm之间,太厚的坡片,一方面光吸收多,另一方面不能使激发光在标本上聚集。载玻片必须光洁,厚度均匀,无明显自发荧光。有时需用石英玻璃载玻片。

2. 盖玻片 盖玻片厚度在0.17 mm左右,光洁。为了加强激发光,也可用干涩盖玻片,这是一种特制的表面镀有若干层对不同波长的光起不同干涉作用的物质(如氟化镁)的盖玻片,它可以使荧光顺利通过而反射激发光,这种反射的激发光可激发标本。

3. 标本 组织切片或其他标本不能太厚,如太厚激发光大部分消耗在标本下部,而物镜直接观察到的上部不能被充分激发。另外,细胞重叠或杂质掩盖,影响判断。

4. 封裱剂 封裱剂常用甘油,必须无自发荧光,无色透明,荧光的亮度在pH值8.5~9.5时较亮,不易很快褪去。所以,常用甘油和0.5 mol/L pH值9.0~9.5的碳酸盐缓冲液的等量混合液作封裱剂。

5. 镜油 一般用暗视野荧光显微镜和油镜观察标本时,必须使用镜油。最好使用特制的无荧光镜油,也可用上述甘油代替,液体石蜡也可用,只是折光率较低,对图像质量略有影响。

二 操作方法

1. 关闭房间内的电灯,开启显微镜汞灯。
2. 根据样品标记的荧光素选择相应的滤光片。
3. 放好样品,找到合适的视野。
4. 如需拍照,请确认照相机内已装好彩色胶卷(最好使用27定胶卷)。
5. 开启自拍装置,选择手动档,通常拍摄速度在0.5~10 s内。

6. 使用结束,关闭所有电源并做好使用记录。

三 荧光图像的记录方法

荧光显微镜所看到的荧光图像,一是具有形态学特征,二是具有荧光的颜色和亮度,在判断结果时,必须将二者结合起来综合判断。结果记录根据主观指标,即凭工作者目力观察。作为一般定性观察,基本上是可靠的。随着技术科学的发展,在不同程度上采用客观指标记录判断结果,如用细胞分光光度计,图像分析仪等仪器。但这些仪器记录的结果,也必须结合主观的判断。

荧光显微镜摄影技术对于记录荧光图像十分必要,由于荧光很易褪色减弱,要即时摄影记录结果。方法与普通显微摄影技术基本相同,只是需要采用高速感光胶片即可。因紫外光对荧光猝灭作用大,如 FITC 的标记物,在紫外光下照射 30 s,荧光亮度降低 50%。所以,曝光速度太慢,就不能将荧光图像拍摄下来。一般研究型荧光显微镜都有半自动或全自动显微摄影系统装置。

四 注意事项

1. 严格按照荧光显微镜出厂说明书要求进行操作,不要随意改变程序。

2. 应在暗室中进行检查。进入暗室后,接上电源,点燃超高压汞灯 5 ~ 15 min,待光源发出强光稳定后,眼睛完全适应暗室,再开始观察标本。

3. 防止紫外线对眼睛的损害,在调整光源时应戴上防护眼镜。

4. 检查时间每次以 1 ~ 2 h 为宜,超过 90 min,超高压汞灯发光强度逐渐下降,荧光减弱;标本受紫外线照射 3 ~ 5 min 后,荧光也明显减弱;所以,检查时间最多不得超过 2 ~ 3 h。

5. 荧光显微镜光源寿命有限,标本应集中检查,以节省时间,保护光源。天热时,应加电扇散热降温,新换灯泡应从开始就记录使用时间。灯熄灭后欲再用时,须待灯泡充分冷却后才能点燃。一天中应避免数次点燃光源。

6. 标本染色后立即观察,因时间久了荧光会逐渐减弱。若将标本放在聚乙烯塑料袋中 4 ℃保存,可延缓荧光减弱时间,防止封裱剂蒸发。

7. 荧光亮度的判断标准:一般分为四级,即"-"指无或可见微弱荧光;"+"指仅能件明确可见的荧光;"++"指可见有明亮的荧光;"+++"指可见耀眼的荧光。

第四节　离心机

离心机是一种在高速旋转的过程中产生大于向心力的线速度从而使样品中的固体颗粒与液体分开,使乳浊液中两种密度不同又互不相溶的液体发生分层的设备,分层之后可以将所要的样品存放于另外的存储容器中以备使用。离心机中主要部件是转子,安装不同的转子可以实现不同样品量的分离和纯化。

一　操作方法

1. 检查离心机调速旋钮是否处在零位,外套管是否完整无损和垫有橡皮垫。

2. 离心前,先将离心的物质转移入合适的离心管中,其量以距离心管口 1 ~ 2 cm 为宜,以免在离心时甩出。将离心管放入外套管中,在外套管与离心管间注入缓冲水,使离心管不易破损。

3. 取一对外套管(内已有离心管)放在台秤上平衡。如不平衡,可调整缓冲用水或离心物质的量。将平衡好的套管放在离心机十字转头的对称位置上。把不用的套管取出,并盖好离心机盖。

4. 接通电源,开启开关。

5. 平稳、缓慢地转动调速手柄(需 1 ~ 2 min)至所需转速,待转速稳定后再开始计时。

6. 离心完毕,将手柄慢慢地调回零位。关闭开关。切断电源。

7. 待离心机自行停止转动手,才可打开机盖,取出离心样品。

8. 将外套管、橡胶垫冲洗干净,倒置干燥备用。

二　注意事项

1. 使用各种离心机时,必须事先在天平上精密地平衡离心管和其内容物,平衡时重量之差不得超过各个离心机说明书上所规定的范围,每个离心机不同的转头有各自的允许差值,转头中绝对不能装载单数的管子,当转头只是部分装载时,管子必须互相对称地放在转头中,以便使负载均匀地分布在转头的周围。

2. 若要在低于室温的温度下离心时,转头在使用前应放置在冰箱或置于离心机的转头室内预冷。

3. 离心过程中不得随意离开,应随时观察离心机上的仪表是否正常工作,如有异常的声音应立即停机检查,及时排除故障。

4. 每个转头各有其最高允许转速和使用累积限时,使用转头时要查阅说明书,不得过速使用。每一转头都要有一份使用档案,记录累积的使用时间,若超过了该转头的最高使用限时,则须按规定降速使用。

5. 装载溶液时,要根据各种离心机的具体操作说明进行,根据待离心液体的性质及体积选用适合的离心管,有的离心管无盖,液体不得装得过多,以防离心时甩出,造成转头不平衡、生锈或被腐蚀,而制备性超速离心机的离心管,则常常要求必须将液体装满,以免离心时塑料离心管的上部凹陷变形。每次使用后,必须仔细检查转头,及时清洗、擦干,转头是离心机中须重点保护的部件,搬动时要小心,不能碰撞,避免造成伤痕,转头长时间不用时,要涂上一层光蜡保护,严禁使用显著变形、损伤或老化的离心管。

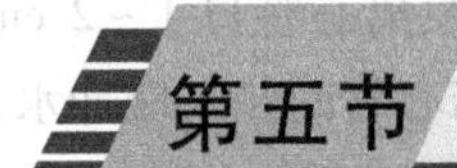

第五节 冷冻离心机

低温分离技术是分子生物学研究中必不可少的手段。基因片段的分离、酶蛋白的沉淀和回收以及其他生物样品的分离制备实验中都离不开低温离心技术,因此低温冷冻离心机成为分子生物学研究中必备的重要仪器。在国内,有多个厂家生产冷冻离心机,本实验室的高速冷冻离心机为 GL-20G-Ⅱ型(上海安亭),落地式。配有角式转头:6×50 mL、12×10 mL 和 12×1.5 mL。极限转速 20 000 r/min。

一 安装与调试

离心机应放置在水平坚固的地面上,应至少距离 10 cm 以上且具有良好的通风环境中,周围空气应呈中性,且无导电性灰尘、易燃气体和腐蚀性气体,环境温度应在 0 ~ 30 ℃之间,相对湿度小于 80%。试转前应先打开盖门,用手盘动转轴,轻巧灵活,无异常现象方可安装所用的转头。转子准确到位后打开电源开关,然后用手按住门开关,再按运转键，转动后立即停止，并观察转轴的转向，若逆时针旋转即为正确，机器可投入使用。

二 操作方法

1. 插上电源，待机指示灯亮；打开电源开关，调速与定时系统的数码管显示的闪烁数字为机器工作转速的出厂设定，温控系统的数码管显示此时离心腔的温度。

2. 设定机器的工作参数，如工作温度，运转时间，工作转速等。

3. 将预先平衡好的样品放置于转头样品架上，关闭机盖。

4. 按控制面板的运转键，离心机开始运转。在预先设定的加速时间内，其运速升至预先设定的值。

5. 在预先设定的运转时间内（不包括减速时间），离心机开始减速，其转速在预先设定的减速时间内降至零。

6. 按控制面板上的停止键，数码管显示“dedT”，数秒钟后即显示闪烁的转速值，这时机器已准备好下一次工作。

三 注意事项

1. 离心机应始终处于水平位置，外接电源系统的电压要匹配，并要求有良好的接地线，机器不使用，要拔掉电源插头。

2. 开机前应检查转头安装是否牢固，机腔中有无异物掉入。

3. 样品应预先平衡，使用离心筒离心时离心筒与样品应同时平衡。

4. 挥发性或腐蚀性液体离心时，应使用带盖的离心管，并确保液体不外漏以免腐蚀机腔或造成事故。

5. 除工作温度、运转速度和运转时间外，不要随意更改机器的工作参数，以免影响机器性能。转速设定不得超过最高转速，以确保机器安全运转。

6. 使用中如出现 0.00 或其他数字，机器不运转，应关机断电，10 s 后重新开机，待所设转速显示后，再按运转键，机器将照常运转。

7. 不得在机器运转过程中或转子未停稳的情况下打开盖门，以免发生事故。

8. 每次操作完毕应做好使用情况记录，并定期对机器各项性能进行检修。

第六节 高压蒸汽灭菌器

高压蒸汽灭菌器是利用饱和压力蒸汽对物品进行迅速而可靠的消毒灭菌设备，适用于医疗卫生事业、科研、农业等单位。高压蒸汽灭菌的原理是：在密闭的蒸锅内，其中的蒸汽不能外溢，压力不断上升，使水的沸点不断提高，从而锅内温度也随之增加。在0.1 MPa的压力下，锅内温度达121 ℃。在此蒸汽温度下，可以很快杀死各种细菌。

一 操作方法

1. 首先将内层灭菌桶取出，再向外层锅内加入适量的水，使水面与三角搁架相平为宜。

2. 放回灭菌桶，并装入待灭菌物品。注意不要装得太挤，以免妨碍蒸汽流通而影响灭菌效果。三角烧瓶与试管口端均不要与桶壁接触，以免冷凝水淋湿包口的纸而透入棉塞。

3. 加盖，并将盖上的排气软管插入内层灭菌桶的排气槽内。再以两两对称的方式同时旋紧相对的两个螺栓，使螺栓松紧一致，勿使桶漏气。

4. 用电炉或煤气加热，并同时打开排气阀，使水沸腾以排除锅内的冷空气。待冷空气完全排尽后，关上排气阀，让锅内的温度随蒸汽压力增加而逐渐上升。当锅内压力升到所需压力时，控制热源，维持压力至所需时间。

5. 灭菌所需时间到后，切断电源或关闭煤气，让灭菌锅内温度自然下降，当压力表的压力降至0时，打开排气阀，旋松螺栓，打开盖子，取出灭菌物品。如果压力未降到0时，打开排气阀，就会因锅内压力突然下降，使容器内的培养基由于内外压力不平衡而冲出烧瓶口或试管口，造成棉塞沾染培养基而发生污染。

6. 将取出的灭菌培养基放入 37 ℃温箱培养 24 h，经检查若无杂菌生长，即可待用。

二 注意事项

1. 完全排除锅内空气，使锅内全部是水蒸汽，灭菌才能彻底。高压蒸汽灭菌放气有几种不同的做法，但目的都是要排净空气，使锅内均匀升温，保证灭菌彻底。常用方法是：关闭放气阀，通电后，待压力上升到 0.05 MPa 时，打开放气阀，放出空气，待压力表指针归零后，再关闭放气阀。关阀再通电后，压力表上升达到 0.1 MPa 时，开始计时，维持压力 0.1 ~0.15 MPa 20 min。

2. 到达保压时间后，即可切断电源，在压力降到 0.05 MPa，可缓慢放出蒸汽，应注意不要使压力降低太快，以致引起激烈的减压沸腾，使容器中的液体四溢。当压力降到 0 后，才能开盖，取出培养基，摆在平台上，以待冷凝。不可久不放气，引起培养基成分变化，以至培养基无法摆斜面 。一旦放置过久，由于锅炉内有负压，盖子打不开，此时只要将放气阀打开，大气压入，内外压力平衡，盖子便易打开了。

4. 对高压灭菌后不变质的物品，如无菌水、栽培介质、接种用具，可以延长灭菌时间或提高压力。而培养基要严格遵守保压时间，既要保压彻底，又要防止培养基中的成分变质或效力降低，不能随意延长时间。

第七节　生物安全柜

生物安全柜，是生物安全实验室常见的重要设备，异于化学实验室内的通风柜，或者是层流柜。其主要是借由柜体内的高效滤网过滤进排气并在柜体内产生向下气流的方式来避免感染性生物材料污染环境与感染实验操作人员，或是实验操作材料间的交叉污染。

一 操作方法

1. 安全柜应放置于十万级以下的初级净化间。接通电源，打开钥匙锁，然后点击电源键[安全柜采用 LED 液晶面板控制，控制面板包括的功能键有：电源开关键、杀菌灯键、风档键（快速、慢速、无风）、照明键]。操作前应打开紫外线灯，照射消毒 30 min，然后点击关闭。后将本次操作所需的全部物品移入安全柜，避免双臂频繁穿过气幕破坏气流；并且在移入前用75%乙醇擦拭物品表面消毒，以去除污染。

2. 通过上下按键将玻璃门升起到安全高度位置，然后点击风机按键使风机运转，运行10 min左右。待柜内空气净化并气流稳定后再进行实验操作。将双臂缓缓伸入安全柜内，至少静止2 min，使柜内气流稳定后再进行操作。

3. 生物安全柜内不放与本次实验无关的物品。物品应尽量靠后放置，不得挡住气道口，以免干扰气流正常流动。

4. 打开照明灯进行操作，通过按键控制备用插座的通断电。要在无孔区域进行操作或者放置物品。操作时应避免交叉污染。为防止可能溅出的液滴，应准备好75%的乙醇棉球或用消毒剂浸泡的小块纱布，避免用物品覆盖住安全柜的格栅。

5. 在实验操作时，不可完全打开玻璃视窗，应保证操作人员的脸部在工作窗口之上。在柜内操作时动作应轻柔、舒缓，防止影响柜内气流。

6. 操作完成后，维持气流循环一段时间，然后将玻璃门关闭，关闭风机，停止气流循环。

7. 按电源键关闭设备，转动钥匙锁关闭电源。

8. 安全柜应定期进行检测与保养，以保证其正常工作。工作中一旦发现安全柜工作异常，应立即停止工作，采取相应处理措施，并通知质量部经理。

9. 检验完成后，关闭玻璃视窗，保持风机继续运转10 min，同时打开紫外线灯，照射30 min。

10. 安全柜应定期进行清洁消毒，可用75%乙醇或0.2%新洁尔灭溶液擦拭工作台面及柜体外表面；每次检验工作完成后应全面消毒。

11. 柜内使用的物品应在消毒缸消毒后再取出，以防止将标准菌株残留带出而污染环境，造成生物危害。

二 生物安全柜与超净工作台的区别

1. 生物安全柜是往里面吸空气，防止生物病菌或试剂溅出安全柜污染实验室和实验员，主要用来保护人体。

2. 而超净工作台是往外吹风，不考虑实验室和实验员，是保证实验台无菌环境的仪器。

3. 生物安全柜是一种在微生物学、生物医学、基因重组、动物实验、生物制品等领域的科研、教学、临床检验和生产中广泛使用的安全设备，也是实验室生物安全中一级防护屏障中最基本的安全防护设备。

4. 生物安全柜是一种负压的净化工作台，正确操作生物安全柜，能够完全保护工作人员、受试样品并防止交叉污染的发生；而超净工作台只是保护操作对象而不保护工作人员和实验室环境的洁净工作台。因此,在微生物学和生物医学的科研、教学、临床检验和生产中,应该选择和使用生物安全柜,而不能够选择和使用超净工作台。

三 维护保养

1. 每次检验操作后用75%的乙醇(其他杀菌剂视使用的材料而定)彻底对安全柜内部工作区域表面、侧壁、后壁、窗户进行表面净化。切勿使用含有氯的杀菌剂,因为它可能对安全柜的不锈钢结构造成损坏。同时对紫外线灯和电源输出口表面进行清洁。当清洁安全柜内部区域时,操作人员除了手臂以外,身体的其他任何部位不能进入安全柜。

2. 长时间未实验时也须每2周进行清洁维护,定期清洁不锈钢表面会使之保持表面的光滑美观。

3. 每月用湿布对安全柜外部表面进行擦拭,尤其是安全柜的前面和上部,把堆积的灰尘打扫干净。并检查所有的维护配件的合理使用情况。

4. 根据实际情况,每个季度或者半年检查安全柜的任何物理异常或故障,如有异常及时报修;将初效过滤器拆下清洗,防止积尘将导致进风量不足,而降低洁净效果。

5. 每年请具备资格的认证技术人员对安全柜进行性能认证,依据紫外线灯使用寿命效果,进行紫外线灯的更换;当正常调节或清洗初效空气过滤器后,仍达不到理想的截面风速时,则应调节风机的工作电压(旋动旋钮),从而达到理想的均匀风速(将调节风速旋钮从左向右,从低速向高速缓慢调节,新工作台不应调至最高风速)。

6. 在使用18个月后当风机工作电压调整至最高点时,仍不能达到理想风速时,则说明高效空气过滤器积尘过多(滤料上滤孔已基本被堵,要及时更新),一般高效空气过滤器的使用期限为18个月;更换高效空气过滤器时,应注意型号规格尺寸(原生产厂家配置),按箭头风向装置,并注意过滤器的周边密封,绝对无渗漏现象发生。

四 注意事项

1. 生物安全柜如果使用不当,其防护作用就可能大大受到影响。

2. 生物安全柜中不需要紫外线灯。如果使用紫外线灯的话,应该每周进行清洁,以除去可能影响其杀菌效果的灰尘和污垢。

3. 在生物安全柜内所形成的几乎没有微生物的环境中,应避免使用明火。

4. 实验室中要张贴如何处理溢出物的实验室操作规则,每一位使用实验室的成员都要阅读并理解这些规程。

5. 在安装时以及每隔一定时间以后,应由有资质的专业人员按照生产商的说明对每一台生物安全柜的运行性能以及完整性进行认证，以检查其是否符合国家及国际的性能标准。

6. 由于剩余的培养基可能会使微生物生长繁殖，因此在实验结束时，包括仪器设备在内的生物安全柜里的所有物品都应清除表面污染，并移出安全柜。

7. 生物安全柜在移动以及更换过滤器之前，必须清除污染。

8. 在使用生物安全柜时应穿着个体防护服。

参考文献

[1]姚火春. 兽医微生物学实验指导[M].2 版. 北京:中国农业出版社,2007.

[2]沈萍,陈向东. 微生物学[M].8 版. 北京:高等教育出版社,2015.

[3]咸洪泉,郭立忠,李树文. 微生物学实验[M].2 版. 北京:高等教育出版社,2018.

[4]徐德强,王英明,周德庆. 微生物学实验教程[M].4 版. 北京:高等教育出版社,2019.

[5]马海梅,张春桃. 医学微生物学实验教程[M].2 版. 北京:科学出版社,2020.

[6]国家微生物资源平台. 微生物菌种资源收集、整理、保藏技术规程汇编[M]. 北京:中国农业科学技术出版社,2011.

[7]李燕,张健. 细胞与分子生物学常用实验技术[M]. 西安:第四军医大学出版社,2009.

[8]CHAI D M,QIN Y Z,WU S W,etal. WISP2 exhibits its potential antitumor activity via targeting ERK and E-cadherin pathways in esophageal cancer cells[J]. J Exp Clin Cancer Res,2019,38(1):102.

[9]HAN Y,LIU C,ZHANG D F,et al. Mechanosensitive ion channel Piezo1 promotes prostate cancer development through the activation of the Akt/mTOR pathway and acceleration of cell cycle[J]. International Journal of Oncology,2019,55(3):629-644.

[10]LIU Y,ZHI Y,SONG H,et al. S1PR1 promotes proliferation and inhibits apoptosis of esophageal squamous cell carcinoma through activating STAT3 pathway[J]. Journal of Experimental & Clinical Cancer Research,2019,38(1):369.

[11] WANG H, YANG X, GUO Y. HERG1 promotes esophageal squamous cell carcinoma growth and metastasis through TXNDC5 by activating the PI3K/AKT pathway[J]. Journal of Experimental & Clinical Cancer Research,2019,38(1):324.

[12]ZHANG Y,MIAO Y,SHANG M,et al. LincRNA-p21 leads to G1 arrest by p53 pathway in esophageal squamous cell carcinoma. Cancer Manag Res,2019,11:6201-6214.

[13]QU S,LI S,HU Z,et al. Upregulation of Piezo1 is a novel prognostic indicator in glioma patients[J]. Cancer Manag Res,2020,12:3527-3536.

[14]CHEN Y H,KEISER M S,DAVIDSON B L. Viral vectors for gene transfer[J]. Curr Protoc Mouse Biol. 2018,8(4):e58.

[15]KIM J W,MORSHED R A,KANE J R,et al. Viral vector production:adenovirus[J]. Methods Mol Biol. 2016;1382:115-130.

[16]SAYEDAHMED E E,KUMARI R,MITTAL S K. Current use of adenovirus vectors and their production methods[J]. Methods Mol Biol. 2019,1937:155-175.

[17] MARU Y, ORIHASHI K, HIPPO Y. Lentivirus-based stable gene delivery into intestinal organoids[J]. Methods Mol Biol. 2016,1422:13-21.

[18]黄娜娜,孙蓉.适宜于中药抗急性肝损伤活性发现与药效评价的动物模型应用概况[J].中国药物警戒,2015,12(11):669-673.

[19]卢静.小鼠肝损伤动物模型的建立及在束缚应激研究中的应用[D].中国农业大学,2013.

[20]安英,杨宁江,李强,等.灯盏花素预适应对大鼠肢体缺血再灌注肝损伤的保护作用[J].实用医学杂志,2013,29(04):543-545.